HZ Books

华章图书

一本打开的书，
一扇开启的门，
通向科学殿堂的阶梯，
托起一流人才的基石。

AI自动化测试

技术原理、平台搭建与工程实践

腾讯 TuringLab 团队◎著

机械工业出版社
China Machine Press

图书在版编目（CIP）数据

AI 自动化测试：技术原理、平台搭建与工程实践 / 腾讯 TuringLab 团队著 . —北京：机械
工业出版社，2020.5

ISBN 978-7-111-65491-9

I. A… II. 腾… III. 软件工具 - 自动检测 IV. TP311.561

中国版本图书馆 CIP 数据核字（2020）第 073702 号

AI 自动化测试：技术原理、平台搭建与工程实践

出版发行：机械工业出版社（北京市西城区百万庄大街 22 号 邮政编码：100037）
责任编辑：董惠芝 责任校对：李秋荣
印 刷：中国电影出版社印刷厂 版 次：2020 年 6 月第 1 版第 1 次印刷
开 本：186mm×240mm 1/16 印 张：14.5
书 号：ISBN 978-7-111-65491-9 定 价：89.00 元

客服电话：（010）88361066 88379833 68326294 投稿热线：（010）88379604
华章网站：www.hzbook.com 读者信箱：hzit@hzbook.com

前言
PREFACE

从计算机科学诞生开始，其主要目标一是计算（用计算机对大量数据进行处理），二是自动化（用计算机代替机械重复的人工劳动）。在半个多世纪后的今天，我们惊讶地发现，引导计算机科学发展的仍然是这两个范畴：大数据和人工智能（AI）。而自动化测试，是人工智能领域下的一个应用方向，和无人驾驶、机器人等一样，都是 AI 技术的应用场景。

在过去很长一段时间，自动化测试都局限于传统的测试脚本驱动。无论是游戏开发人员使用的 Lua 接口，还是类似 Xcode 的 UI Test，抑或是通过 ADB/minicap 对 Android 设备进行简单操控的 Python Script，其本质都是人为定义规则的自动化操作模拟。传统方式尽管工作量大，但实现门槛较低，容易上手，容易调试，也容易修改，在很长一段时间里都是自动化测试的主流方案。相关主流方案的差异通常也只限于自动化脚本接口或规则定义形式的不同。然而，这种人工定义规则的方案都存在一些很明显的问题。

❑ 版本迭代频繁。每次版本变化往往需要重新修改、调整脚本。

❑ 对于较为复杂或具有一定随机性（例如游戏对局）的场景，难以通过简单的脚本调整对其提供支持。实际上，对于随机性极强的游戏产品，通常不会对游戏对局过程进行太多测试。

❑ 大部分测试脚本需要产品本身提供对应的操作接口，用于获取游戏内部数据。而这种专用测试接口通常不会在正式发布版本中提供，因此对于真正上线的产品，难以用自动化脚本进行测试，只能靠人工测试。这一点可以说是导致自动化测试工具至今无法大规模商业化、产品化的核心原因。

以上几点是困扰测试开发工程师多年的难题。随着 AI 技术的发展，尤其是在 2015 年和 2016 年 Google DeepMind 发表多篇游戏自动控制的论文，以及 AlphaGo 在棋类游戏上有了战胜人类的先例之后，我们开始思考如何利用最新 AI 技术解决上述问题，并将其融入自动化测试工具中。从 2017 年到今天，通过多个产品的实验和腾讯内部多个部门的协作，我们成功地开发出一套基于深度学习的自动化 AI 测试框架，并应用在多款世界知名游戏产品的日常测试上。本书便是在这套测试框架的基础上，分三大部分详细讲述了针对自动化的相关 AI 技术基础、AI 自动化测试框架的实现机制，以及实际案例中的 AI 自动化开发应用。

目前，基于 AI 的自动化测试，业界尚无先例可循。我们希望本书的推出，能够给业界同行提供技术上的参考与帮助，让 AI 技术为更多的团队和公司在自动化测试上发挥更大的作用。

本书主要内容

本书分为三部分。第一部分是原理篇，重点介绍图像识别和增强学习相关的 AI 算法原理，为后续学习具体工具的落地应用打下基础。第二部分是平台篇，详细介绍了腾讯游戏 AI 自动化开发工具的设计与实现，包括和 Android 设备的对接、数据标注流程及 AI 算法在游戏自动化中的具体实现等。第三部分是最佳实践篇，详细介绍了不同需求场景下的实践案例。读者可以在实际游戏产品的测试中使用本书所介绍的工具实现不同需求，并可尝试在此基础上实现定制化功能。

本书读者对象

本书主要面向自动化测试工具开发人员、AI 应用开发人员，也适合图像识别或强化学习方向的研究人员对实际游戏 AI 落地方案做深入了解。

本书特色

自动化测试技术多种多样，将当前流行的 AI 技术作为一种新的自动化测试方法，并非图一时新鲜来博大众的眼球。适当的方法应用在适当的场景，会极大地提高生产效率，节省企业的人力成本。从目前腾讯公司的 AI 自动化测试实践来看，多分辨率手机的相关测试如兼容性、性能、回归等节省的成本是最明显且有效的。并且，我们的测试平台是免费开源的，如果用户觉得已有的算法或者功能不能满足测试需求，可以自己开发一些更适合自己业务的功能与算法。

腾讯互动娱乐事业群 TuringLab 实验室，由美国归国技术专家领头组建，成员有图像识别处理、机器学习领域的多名博士，以及多位在工程方面专注技术开发 10 余年的专家。目前，开发出的 AI 自动化测试平台已经成功接入腾讯公司几十款正式运营的商业游戏，并同时服务于 WEST 产品、即通手 Q 产品，以及各游戏工作室的多个产品。

AI 自动化测试平台作为一个免费开源项目，提供详细的用户使用手册。用户可以通过较低的学习成本搭建运行环境。同时，对于想要进行二次开发的用户，提供详细的 API 说明文档，方便用户学习与参考。

写作分工

张力柯编写前言，全书统稿。
周大军编写第 1 章、第 6 章。
黄超编写第 4 章、第 12 章。
李旭冬编写第 3 章、第 13 章、第 14 章。
申俊峰编写第 11 章。
王洁梅编写第 2 章、第 7 章、第 8 章。
杨夏编写第 5 章、第 9 章、第 10 章。

资源和勘误

由于作者水平有限，加之编写时间仓促，书中难免会出现一些错误，恳请读者批评指正。为了更好地与读者交流，TuringLab 创建了一个微信公众号——Turing Lab，该公众号推送最新的研究成果与研究方向分析文档。

致谢

感谢机械工业出版社华章公司所给予的支持。感谢策划编辑杨福川先生耐心地给予修改建议，帮助我们精炼核心概念，并引导完成了本书的框架构建。感谢荆彦青先生对本书出版的大力支持。同时，感谢所有对书稿提供反馈意见的审稿人。

作者简介
About the Authors

张力柯

腾讯 TuringLab 实验室负责人，资深 AI 系统设计专家；在操作系统内核、网络安全、搜索引擎、推荐系统、大规模分布式系统、图像处理、数据分析等领域具有丰富的实践经验；美国得克萨斯大学圣安东尼奥分校计算机科学博士；曾先后在美国微软、BCG、Uber 及硅谷其他创业公司担任研发工程师及项目负责人等。

周大军

资深软件工程专家，腾讯 TuringLab 实验室 AI 工程组负责人，有 10 年以上工程技术开发经验；负责开发的 GAPS（压测大师）获腾讯公司首届最佳工具奖；申请及参与提交工程、无人机、AI 相关专利 70 余项。

黄超

资深 AI 算法研究员；主要负责腾讯游戏 AI 的算法研发、计算机视觉算法研发；先后在国内外重要的期刊和会议上发表 20 余篇论文，包括著名国际期刊 *IEEE Transactions* 论文 5 篇，并提交 AI 相关专利 25 项。

李旭冬

资深 AI 算法研究员；在腾讯从事游戏 AI 算法研发相关工作，主要负责图像识别、强化学习和游戏自动化方面的算法研发；在国内外重要会议和期刊上发表学术论文 15 篇，申请 AI 相关专利 10 项。

申俊峰

资深软件工程专家，有 10 年以上工程技术开发经验；在腾讯先后负责智能硬件、游戏 AI 自动化平台的设计和开发；先后提交相关技术专利 10 项。

王洁梅

腾讯高级工程师，主要从事工程技术开发及图像识别算法研发相关工作；在游戏图像识别和游戏测试方向经验丰富；先后提交发明专利 23 项，其中国际检索 2 篇。

杨夏

腾讯高级工程师，主要从事游戏 AI 算法（强化学习和模仿学习）和工程应用；在多个品类的游戏业务上负责 AI 技术的落地工作，拥有丰富的 AI 工程化、自动化经验；先后提交发明专利 26 项。

目录
CONTENTS

1

原 理 篇

从百度公司的"All in AI",到腾讯公司的"AI in All",AI 技术越来越成熟,AI 的应用也越来越广泛,将 AI 技术引入自动化测试,包括从算法到数据架构,从技术到应用,都已经水到渠成。

原理篇主要讲解了如下几个方面的内容。

❑ AI 技术的发展与自动化测试,包括自动化测试的发展过程、现状,AI 技术的发展与应用,以及 AI 与自动化测试相结合的情况。

❑ 图像识别的 4 种算法,包括模板匹配算法、特征点匹配算法、梯度特征匹配算法这 3 种传统图像识别算法以及当前较流行的基于深度学习的图像识别算法。

❑ 强化学习的一些基本理论和 4 种常用算法:基于策略梯度的强化学习算法、Actor-Critic 算法、DDPG 算法、A3C 算法。

❑ 模仿学习的最新研究进展,以及如何将模仿学习运用到游戏的自动测试中。

❑ Android 设备在调试过程中需要用到的一些技术和工具。

第 1 章

AI 与自动化测试

将人工智能引入自动化测试是自动化测试技术的一次质的提升。现代软件竞争越来越激烈，软件研发周期也越来越短，传统的手工测试方法已经不能满足快节奏的软件开发与测试需求，引入更好的自动化测试技术越来越重要。

好的自动化测试技术，在保证产品质量的前提下，可以缩短项目周期，同时节约研发和维护的成本。好的自动化测试技术，还应该具有使用门槛低、用户容易上手的特点，这样才能在软件工程中大规模地推广与应用。AI 技术正好可以满足低使用门槛和低维护成本的要求。

1.1 自动化测试的发展与现状

程序是人类思维的产物，人的思维难免会有差错，因此软件从诞生那天开始，就一直与测试相伴。早期的软件规模都很小，复杂度也不高，传统的手工测试就能很好地完成。随着软件技术的发展，软件规模和复杂度的提升，手工测试的时间成本越来越高，在这种情况下诞生了自动化测试的思想与技术。

从技术发展的角度来看，自动化测试经历了四代，如图 1-1 所示。

第一代：传统的"录制 – 回放"技术。这种技术模拟 PC 操作，记录键盘和鼠标的操作，对环境的依赖性太强，只要新版本的用户界面或功能发生改变，以前录制的信息就不能用了，维护成本太高。

图 1-1　自动化测试技术的 4 个发展阶段

第二代：脚本化的自动化测试。利用脚本进行结构化的自动化测试。测试脚本可以通过工具自动生成，也可以由测试开发人员手动开发完成。当软件功能发生变动时，测试脚本也需要同步更新。

第三代：测试框架。主要是把测试脚本抽象化、模块化，包括数据驱动与关键字驱动，测试人员可以直接使用测试开发人员封装好的业务模块。编写出的自动化脚本也具有一定的泛化性。项目的维护主要体现在业务模块封装或关键字抽象等方面。

第四代：AI 自动化测试。在传统的自动化测试技术基础上，引入 AI 技术，主要想解决自动化测试中的高通用性、低使用门槛及低维护成本等自动化测试的难题。目前，AI 自动化测试还处在初期阶段，技术与方法的应用也在探索中。

腾讯互娱游戏的测试方法有以下 4 种，一般在一个项目中，测试人员会根据需求选择其中一种或几种测试方法。

1）测试人员手动测试：测试人员根据开发人员提交的功能，编写测试用例，然后评审测试用例。开发人员完成功能开发后，测试人员再手动逐条执行测试用例。

2）脚体自动化测试：在一些方便使用自动化测试的场合，引入自动化测试，通过相应的工具，手动或自动生成需要的自动化测试脚本，然后通过回放自动化测试脚本进行测试，完成测试后，由人工或自动化算法进行结果检测。

3）代码级别测试：一些特定的测试需要测试人员通过编写代码来完成，如后端服务器程序的性能测试。

4）AI 自动化测试：基于机器学习的方法，模拟人类玩家进行游戏操作，完成游戏场景的相关操作，达到自动化测试的目的。

1.2 AI 的发展与应用

从 20 世纪 50 年代到 20 世纪 70 年代初，人工智能的研究处于"推理期"。1957 年，Rosenblatt 基于神经科学的研究，提出了著名的感知器模型，这更像现在的机器学习模型。然而，1969 年，研究神经网络社区的 Minsky 提出了著名的 XOR（异或）问题，之后感知器发展遇到瓶颈。

20 世纪 70 年代中期开始，人工智能研究进入"知识期"。1981 年，Werbos 提出的多层感知器，引入了反向传播（BP）算法。直到现在，BP 算法仍然是神经网络架构的关键要素。此后，神经网络得到了快速发展。

1986 年，决策树的机器学习算法被 J. R. Quinlan 提出，更具体地说就是 ID3 算法。ID3 算法的核心是根据"最大信息熵增益"原则选择划分当前数据集的最佳特征，它是一种贪心算法，每次选取的分割数据的特征都是当前的最佳特征，并不关心是否达到最优。

1995 年，Vapnik 和 Cortes 提出了支持向量机（SVM），其被作为一种能使机器学习取得重大进展的方法而得到推广，拥有非常坚实的理论基础并且取得了理想的结果。

2005 年，Hinton、LeCun、Bengio、Andrew Ng 提出深度学习，意思是神经网络的级联层数变深，同时在算法方面引入新的技术。三层的 NN 模型强势崛起，诸多专家在理论和实践上彻底激活了深度学习。深度学习在对象识别、语音识别、NLP 等不同的任务中击败了之前的技术。

2006 年是深度学习元年，Hinton 提出了深层网络训练中梯度消失问题的解决方案：无监督预训练对权值进行初始化和有监督训练微调。其主要思想是先通过自学习的方法学习训练数据的结构（自动编码器），然后在该结构上进行有监督训练微调。

2012 年，Hinton 课题组为了证明深度学习的潜力，首次参加 ImageNet 图像识别比赛，通过 CNN 网络——AlexNet 夺得冠军。也正是由于该比赛，CNN 网络吸引了众多研究者的关注。

2015 年，深度残差网络（ResNet）被提出，在众多比赛中表现突出。深度残差网络就是为了解决由于网络深度加深而产生的学习效率变低、准确率无法有效提升的问题。

2016 年，由谷歌旗下的 DeepMind 公司研发的阿尔法围棋（AlphaGo），战胜了当时的围棋世界冠军李世石，成为第一个击败人类职业围棋选手、第一个战胜围棋世界冠军的人工智能机器人。升级版的 AlphaGo 在 2017 年以 3 比 0 的成绩战胜了当时排名世界第一的围棋棋手柯洁。

2018 年，腾讯公司 AI Lab 研发的"王者荣耀"（一款 MOBA 类手机游戏）AI 机器人，通过监督学习（SL）和强化学习（RL），以及大量数据训练，单机器人可以达到"王者"的水平。到 2019 年，AI Lab 研发的"王者荣耀"AI 机器人可以在 5 人组队后达到"王者"的水平。

AI 技术的应用现在变得越来越广泛，在图像处理、语音识别、艺术创作、自动驾驶等许多方面都有了成熟的技术与稳定的应用。

（1）图像处理

比如图像增强，如果你急需使用一张照片，但是这张照片分辨率很低。没关系，深度学习算法已经能够提高照片分辨率。

（2）语音识别

语音识别的应用包括多语言实时翻译、微信语音转文字、本地方言转普通话等。

（3）艺术创作

人工智能也能当作曲家，并且写出来的音乐作品还挺好听。在绘画方面，机器学习通过数据进行训练与学习，能给照片赋予大师级的画风，即利用画风转换神经网络做到实时生成多种画风，用户通过调整不同画风的参数来控制渲染的风格，生成大师级的绘画作品。

（4）自动驾驶

国内外很多大的公司都在积极研究自动驾驶技术，谷歌自动驾驶汽车于 2012 年 5 月获得了美国首个自动驾驶车辆许可证，国内的腾讯、百度等互联网公司也有部门专门在做自动驾驶汽车的研发。

1.3　AI 与自动化测试相结合

自动化测试要解决的最主要问题之一就是成本问题。从最早提出自动化测试的思想，到自动化测试技术发展到第四代，其问题核心点就在成本上，这个成本可以是时间成本，也可以是人力成本。将 AI 引入自动化测试，也是想有效地解决自动化测试中的成本问题。

AI 技术的核心思想是利用已有的历史数据，训练出一个较好的 AI 网络，通过已经训练好的 AI 网络来处理当下的输入数据。与传统的编程方法不同，通过 AI 算法训练出来的网络模型通常会有更好的泛化性，例如，对于已在某个场景训练好的 AI 自动化测试网络，不做改动或稍做改动，就可以在同一个游戏的不同场景中很好地运行起来，这在传统的自动化测试中是做不到的。同样，一款游戏中训练好的 AI 自动化测试网络，稍做改动或增加一些训练数据，就能在另一款同类游戏中运行起来，这样就可以很好地节约时间成本，快速地进行回归测试、性能测试、兼容性测试等，保证产品质量，缩短项目周期。

同样，在传统的自动化测试中，项目测试的维护成本很高，只要版本更新或者功能发生变动，就有可能产生大量的维护工作。很多项目就是因为测试的维护成本过高，放弃了自动化测试。引入 AI 技术后，其带来的泛化性可以有效地减少自动化测试的维护成本。版本更新后的一些变动，在 AI 模型中编程可以不做改动，或者直接增加训练数据就可以很好地完成测试需求。

本书最重要的内容就是介绍 AI 技术怎样与自动化测试相结合，在平台工具的支持下，很好地去完成腾讯互娱游戏的测试需求。当然，平台工具也能扩展到手机 App 自动化测试、其他类型的软件产品的自动化测试等。

1.4　本章小结

本章主要介绍了自动化测试的发展、腾讯互娱游戏测试的现状、AI 技术的发展与应用，以及 AI 与自动化测试相结合的情况，方便读者对 AI 与自动化测试有一个整体的了解。

第 2 章

图像识别算法

第 1 章介绍了 AI 与自动化测试，使读者对 AI 在自动化测试中的应用和现状有了初步了解。基于图像识别算法对游戏图像进行处理，是 AI 自动化测试过程中的关键环节之一。本章将主要讲解图像识别算法，以及图像识别算法在游戏测试中的应用。

2.1 图像识别

计算机中，信息是以数字的形式输入的，图像的表示单元是像素。像素的描述形式有很多，常用的是 RGB 三通道描述方式。图 2-1 展示的是图像的表示单元。图像识别任务是指在给定的图像中精确找到某物体所在位置，并标注出物体的类别。如图 2-2 所示，通过图像识别算法找出游戏画面中人物和地板所在的位置。

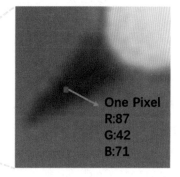

图 2-1　图像的表示单元

图 2-2 图像识别的目标，蓝框表示类别"地板"，红框表示类别"人物"

常用的图像识别的衡量指标有查准率（Precision）、查全率（Recall）、F1-Score、mAP 等。在图像识别中，被正确框选分类的目标物称为正例，反之称为反例。真实情况是正例，被正确预测为正例的样本称为真正例（True Positive，TP），被错误预测为反例的样本称为假反例（False Negative，FN）；真实情况为反例，被预测为正例的样本称为假正例（False Positive，FP），被预测为反例的样本称为真反例（True Negative，TN），如表 2-1 所示。

表 2-1 分类结果混淆矩阵

真实情况	预测结果	
	正例	反例
正例	TP（真正例）	FN（假反例）
反例	FP（假正例）	TN（真反例）

查准率（Precision）、查全率（Recall）、F1-Score 的定义如下：

$$\text{Precision} = \frac{\text{TP}}{\text{TP} + \text{FP}} \quad \text{Recall} = \frac{\text{TP}}{\text{TP} + \text{FN}} \quad \text{F1} - \text{Score} = 2\frac{\text{PR}}{\text{P} + \text{R}}$$

如果物体的类别有多个（图 2-2 中的类别为人物和地板），每一个类别都可以根据查准率和查全率绘制一条曲线，AP（Average Precision，AP）就是该曲线下的面积，mAP（mean Average Precision，mAP）是多个类别 AP 的平均值。mAP 常作为衡量图像检测识别精度的指标。

2.2 传统的图像识别算法

基于图像的灰度值进行检测是最简单直接的方式。以图像的像素值作为特征，采用滑动窗口的方式，从左向右、从上到下依次比对模板和检测图像的相似度，找到相似度符合预期的位置，即检测到的区域。除了灰度值，我们还可以提取图像的其他特征，如边缘特征、梯度特征和梯度统计直方图等。

2.2.1 模板匹配算法

图像的表示单元是像素。像素的描述形式有很多，常用的是 RGB 三通道描述方式。根据像素的各个通道的灰度值，可以对游戏图像进行一系列处理。图 2-3 是基于模板匹配算法的图像识别。模板匹配的思想是在一幅图像中寻找与模板图像最匹配的部分。

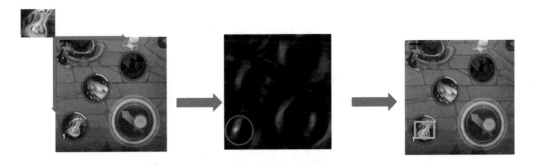

图 2-3　模板匹配的过程

Step1：从原图像的左上角开始，从左向右、从上到下，步长为 1，采用滑动窗口的方式，依次计算模板图像和窗口子图像的相似度。

Step2：把相似结果存储在结果矩阵中。

Step3：最终在结果矩阵中找到最佳匹配值。相似度越高，则最佳匹配值越大，结果矩阵中对应部分越亮。

OpenCV 中提供了接口函数 cv2.matchTemplate（src, tmpl, method）进行模板匹配，其中 method 表示选择的匹配方法。可用的方法包括如下几种。

（1）平方差匹配

CV_TM_SQDIFF：最好的匹配对应的匹配值为 0。匹配越差，匹配值越大。

$$R(x, y) = \sum_{x', y'} (T(x', y') - I(x + x', y + y'))^2$$

（2）标准平方差匹配

CV_TM_SQDIFF_NORMED：最好的匹配对应的匹配值为 0。匹配越差，匹配值越大。

$$R(x, y) = \frac{\sum\limits_{x', y'} (T(x', y') - I(x + x', y + y'))^2}{\sqrt{\sum\limits_{x', y'} T(x', y')^2 \cdot \sum\limits_{x', y'} I(x + x', y + y')^2}}$$

（3）相关匹配

CV_TM_CCORR：值越大，表示匹配程度越高。0 表示最差的匹配效果。

$$R(x, y) = \sum_{x', y'} (T(x', y') \cdot I(x + x', y + y'))$$

（4）标准相关匹配

CV_TM_CCORR_NORMED：值越大，表示匹配程度越高。0 表示最差的匹配效果。

$$R(x, y) = \frac{\sum\limits_{x', y'} (T(x', y') \cdot I(x + x', y + y'))}{\sqrt{\sum\limits_{x', y'} T(x', y')^2 \cdot \sum\limits_{x', y'} I(x + x', y + y')^2}}$$

（5）相关匹配

CV_TM_CCOEFF：1 表示完美匹配，−1 表示糟糕的匹配，0 表示没有任何相关性。

$$R(x, y) = \sum_{x', y'} (T'(x', y') \cdot I(x + x', y + y'))$$

$$T'(x', y') = T(x', y') - 1 / (w \cdot h) \cdot \sum_{x'', y''} T(x'', y'')$$

$$I'(x + x', y + y') = I(x + x', y + y') - 1 / (w \cdot h) \cdot \sum_{x'', y''} I(x + x'', y + y'')$$

（6）标准相关匹配

CV_TM_CCOEFF_NORMED：1 表示完美匹配，–1 表示糟糕的匹配，0 表示没有任何相关性。

$$R(x, y) = \frac{\sum\limits_{x', y'} (T(x', y') \cdot I(x+x', y+y'))}{\sqrt{\sum\limits_{x', y'} T'(x', y')^2 \cdot \sum\limits_{x', y'} I(x+x', y+y')^2}}$$

基于像素值的方案是对相同位置的两张图像的像素值进行匹配，要求在相同检测位置的像素值大小要相等或相近。但是在实际测试过程中，因为异形屏、手机分辨率、刘海屏或 Bug 调试界面的不同，会导致图像的大小和 UI 差异比较大，模板匹配算法很难适配这种情况。基于特征点的方案可以解决这些问题。

2.2.2　特征点匹配算法

特征点又称兴趣点、关键点，它是在图像中相对比较突出的一些点，常把角点作为特征点。寻找特征点的方法有很多，如 sift、surf、harris、shi-tomasi、brisk、orb 等。不同的处理方法对图像缩放、旋转的处理效果不同，一般效果强大、适用性强的处理方法的速度相对较慢。本小节以 ORB[⊖] 为例介绍特征点匹配算法。

Step1：特征点提取 FAST[⊖]。FAST（Features from Accelerated Segment Test）的基本思想是若某像素点 p 与其周围邻域内（1 到 16）足够多的像素值相差较大，则该像素可能是角点。原始的 FAST 特征点是没有尺度不变性的，OpenCV 中 ORB 是通过构建高斯金字塔，然后在每一层金字塔图像上检测角点来实现尺度不变性。原始的 FAST 也不具有方向不变性，ORB 的论文中提出用灰度质心法来解决这个问题。对于任意一个特征点 p 来说，定义 p 的邻域像素的矩为 $m_{po} = \sum\limits_{x, y} x^p y^q I(x, y)$，其中 $I(x, y)$ 为

⊖　Rublee E, Rabaud V, Konolige K, et al. ORB: an Efficient Alternative to SIFT or SURF[C]. International Conference on Computer Vision. IEEE Computer Society, 2011.

⊖　Rosten E, Porter R, Drummond T. Faster and Better: a Machine Learning Approach to Corner Detection[J]. IEEE Trans. PAMI, 2010.

点 (x, y) 处的灰度值，图像的质心为：$C = \left(\dfrac{m_{10}}{m_{00}}, \dfrac{m_{01}}{m_{00}} \right)$，特征点和质心的夹角即为 FAST 特征点的方向：$\theta = \arctan(m_{01}, m_{10})$。

Step2：特征点描述 BRIEF[○]。BRIEF（Binary Robust Independent Elementary Features）算法的核心思想是在特征点 p 的周围以一定的方式选取 N 个点对，然后将这 N 个点对的对比结果组合成一个长度为 n 的二值码串，作为该特征点的描述子。ORB 在计算 BRIEF 描述子的时候，建立的坐标系是以特征点为圆心，以特征点 p 和取点区域的质心 q 的连线为 x 轴建立的二维坐标系。圆心是固定的，以点 pq 连线为 x 轴，垂直方向为 y 轴，在不同的旋转角度下，同一特征点取出来的点对是一致的，这就解决了旋转一致性的问题。

Step3：特征点匹配。两个等长二进制串之间的汉明距离（Hamming Distance）是两个二进制串对应位置的不同字符的个数。ORB 中用 Hamming Distance 来衡量两个描述子之间的距离。

$$D(b_1, b_2) = b_1 \oplus b_2$$

Step4：匹配筛选。当特征点比较相似时，那么该如何进行点对之间的筛选呢？2004 年，D. G. Lowe 在论文"Distinctive image features from scale-invariant keypoints"[○]中提出了基于最近邻和第二近邻匹配距离的比例来剔除模糊的匹配。Ratio Test 用来剔除距离相差过大的配对点，配对点之间的距离相差越大，能匹配上的概率也就越小。这里使用一个参数 ratio 来剔除距离在一定范围之外的特征点。

基于 40000 个特征点，统计分析最近邻和第二近邻的匹配比值和匹配正确的关系，其中实线表示匹配正确的概率，虚线表示匹配错误的概率，从而得到当累计密度概率为 0.75 时，可以最大概率地把正确匹配和错误匹配分开。伪代码如下：

○ Calonder M, Lepetit V, Strecha C, et al. Brief: Binary Robust Independent Elementary Features[C]. ECCV, 2010.

○ Lowe D G. Distinctive Image Features from Scale-invariant Keypoints[C]. IJCV, 2004.

```
good = []
for m,n in matches:
if m.distance < 0.75*n.distance:
good.append([m])
```

2.2.3　梯度特征匹配算法

除了灰度值、特征点，我们还可以提取图像的其他特征，如边缘特征、梯度特征和方向梯度直方图等。方向梯度直方图[⊖]（Histogram of Oriented Gradient, HOG）是一种在计算机视觉和图像处理中用来进行物体检测的特征描述子。HOG 特征通过计算和统计图像局部区域的梯度方向直方图来构成。此外，HOG 特征结合 SVM 分类器的技术已经被广泛应用于图像识别中，尤其在行人检测中获得了极大的成功。HOG 特征提取流程如图 2-4 所示，主要步骤介绍如下。

图 2-4　HOG 提取特征的流程

Step1：归一化处理。为了减小光照因素的影响，首先需要将整个图像进行规范化（归一化）。归一化处理能够有效地降低图像局部的阴影和光照变化。

Step2：计算图像梯度。计算图像横坐标和纵坐标方向的梯度，并据此计算每个像素位置的梯度方向值。求导操作不仅能够捕获轮廓、人影和一些纹理信息，还能进一步弱化光照的影响。

最常用的方法是：简单地使用一个一维的离散微分模板在一个方向或者同时在水平和垂直两个方向上对图像进行处理。计算公式如下所示，其中 $G_x(x, y)$ 表示像素点 (x, y) 处的水平方向梯度，$G_y(x, y)$ 表示像素点 (x, y) 处的垂直方向梯度，$H(x, y)$ 表示像素点 (x, y) 处的像素值，$G(x, y)$ 表示在像素点 (x, y) 处的梯度幅度值，$\alpha(x, y)$ 表示梯度方向。

　　⊖　Dalal N, Triggs B. Histograms of Oriented Gradients for Human Detection[C]. IEEE Computer Society Conference on Computer Vision & Pattern Recognition, 2015.

$$G_x(x, y) = H(x+1, y) - H(x-1, y)$$

$$G_y(x, y) = H(x, y+1) - H(x, y-1)$$

$$G(x, y) = \sqrt{G_x(x, y)^2 + G_y(x, y)^2}$$

$$\alpha(x, y) = \tan^{-1} \frac{G_x(x, y)}{G_y(x, y)}$$

Step3：构建方向直方图。细胞单元中的每一个像素点都为基于某个方向的直方图通道投票。投票采取的是加权投票的方式，即每一票都是带有权值的，这个权值是根据该像素点的梯度幅值计算出来的。我们可以采用幅值本身或者幅值函数来表示权值。实际测试表明：使用幅值本身来表示权值能获得更佳的效果。当然，我们也可以选择幅值函数来表示，比如幅值的平方根、幅值的平方、幅值的截断形式等。细胞单元可以是矩形的，也可以是星形的。直方图通道平均分布在0～180°（无向）或0～360°（有向）范围内。研究发现，采用无向的梯度和9个直方图通道，能在行人检测试验中取得最佳的效果。

Step4：将细胞单元组合成大的区间。由于局部光照的变化以及前景和背景对比度的变化，使得梯度强度的变化范围非常大。这就需要对梯度强度做归一化。归一化能够进一步对光照、阴影和边缘进行压缩。采取的方法是：把各个细胞单元组合成大的、空间上连通的区间。这样，HOG描述符就变成了由各区间所有细胞单元的直方图所组成的一个向量。这些区间是互有重叠的，这就意味着每一个细胞单元的输出会多次作用于最终的描述器。

区间有两个主要的几何形状——矩形区间（R-HOG）和环形区间（C-HOG）。R-HOG区间大体上是一些方形的格子，可以由三个参数来表征：每个区间中细胞单元的数目、每个细胞单元中像素点的数目、每个细胞的直方图通道数目。

Step5：收集HOG特征。把提取的HOG特征输入SVM分类器，寻找一个最优超平面作为决策函数。

2.2节主要介绍了传统的图像识别算法，如基于像素值的方法、特征点方法、HOG特征的方法等。这些方法一般采用滑动窗口的方法在全图像内提取窗口内的特征。为了适应不同大小物体的检测，需要对原图像进行缩放，在缩放后的图像上滑动子窗口提取特征。子窗口的方式使得计算量增大。此外，这些方法都需要人工设计和提取特征，所以算法的选取很重要。如 HOG 特征比较适用于轮廓明显的物体检测，如果整张图像没有明显的轮廓特征，那么 HOG 算法就不是很适用了。有没有可以自动提取图像特征且通用性更强的算法呢？下一节中我们将介绍基于深度学习自动提取图像特征的算法。

2.3　基于深度学习的图像识别算法

2.3.1　卷积神经网络

卷积神经网络（CNN）可以自动提取图像特征。通过一系列的卷积、池化等操作，使图像的特征逐渐抽象。根据任务的不同，图像特征被抽象成不同的特征层。基于这些特征层，进一步做分类。CNN 网络的基本操作为卷积和池化。

卷积操作是对一个卷积核采用滑动窗口的方式，依次与图像上的像素点做卷积，生成的结果值作为特征图像上的一个像素点。池化操作，又称为下采样，根据取滑动窗口内的最大值、平均值等（最大池化、平均池化）。

自从 AlexNet 获得 ILSVRC 2012 挑战赛冠军后，用 CNN 分类成为主流。它是一种用于目标检测的暴力方法，通过从左到右、从上到下滑动窗口，利用分类识别目标，如图 2-5 所示。为了在不同观察距离处检测不同的目标类型，我们可以使用不同大小和宽高比的窗口。

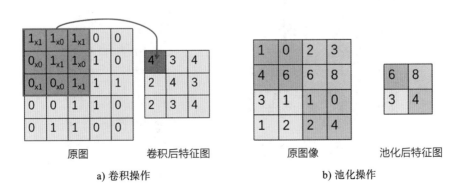

图 2-5　CNN 的基本操作

2.3.2 卷积神经网络模型

1. RCNN[一]：Regions with CNN Features

在 2.3.1 节中，我们介绍了通过穷举的方式进行全图窗口滑动式扫描。通过图像的缩放实现不同尺寸的物体的检测。图像缩放一定的尺寸后，再在当前尺寸的图像上进行窗口滑动扫描。每一个尺寸下每次扫描的子窗口都是候选子图像。图 2-6 中显示的很多子窗口都是无用的，徒增计算量。

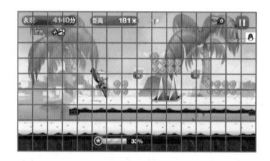

图 2-6　滑动窗口的方式搜索目标区域

如图 2-7 所示，我们可以通过分割的方式把图像中可能是一个物体的像素点集合在一起作为一个候选的子图像并进行分类，这样可以大大减少检测子窗口的数量，提升子窗口的检测质量。

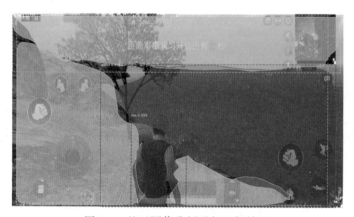

图 2-7　基于图像分割进行目标检测

　㊀　David G. Lowe. Rich Feature Hierarchies for Accurate Object[C]. CVPR, 2014.

Graph-Based Image Segmentation 提出了一种基于图表示（Graph-based）的图像分割方法。图像分割（Image Segmentation）的主要目的是将图像（Image）分割成若干个特定的、具有独特性质的区域，然后从中提取出感兴趣的目标。

选择性搜索算法[一]（Selective Search, SS）提出根据颜色、纹理、大小、吻合度，计算两区域的相似性，找到最相似的两个区域并合并，得到一个更大分割区域，然后在更大的分割区域上提取目标物。图像分割后提取目标物处理过程如图 2-8 所示。

a）原图　　　　　　　　b）分割后图像　　　　　　　c）提取目标物

图 2-8　图像分割后提取目标物

RCNN[二]（Regions with CNN Features）采用选择性搜索算法确定候选区域，并提取每个候选区域的 CNN 特征。即把候选区域所框选的图像缩放为 277×277 大小的图像，通过 5 个卷积层和 2 个全连接层进行前向传播，最终得到一个 4096 维度的特征向量。最后结合 SVM 分类器对这个特征向量进行分类。RCNN 处理流程如图 2-9 所示。

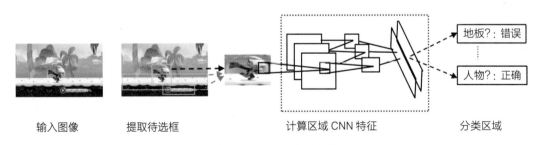

输入图像　　　　提取待选框　　　　　　计算区域 CNN 特征　　　　　分类区域

图 2-9　RCNN 处理流程

[一] Uijlings J R, Van de Sande K E, Gevers T, et al. Selective Search for Object Recognition[C]. IJCV, 2013.
[二] David G. Lowe. Rich Feature Hierarchies for Accurate Object[C]. CVPR, 2014.

（1）Fast RCNN⊖

RCNN 需要非常多的候选区域以提升准确度，但其实有很多区域是彼此重叠的，因此 RCNN 的训练和推断速度非常慢。如果我们有 2000 个候选区域，且每一个候选区域都需要独立地送到 CNN 中，那么对于不同的 ROI，需要重复提取 2000 次特征。

Fast RCNN 最重要的一点就是包含特征提取器、分类器和边界框回归器在内的整个网络能通过多任务损失函数进行端到端的训练。这种多任务损失结合了分类损失和定位损失的方法，大大提升了模型准确度。Fast RCNN 的处理流程如图 2-10 所示。

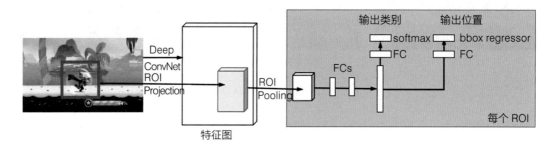

图 2-10　Fast RCNN 的处理流程

（2）Faster RCNN⊖

RCNN 和 Fast RCNN 都采用选择性搜索算法提取候选区域，这个也是相对比较耗时的，有没有更有效的方法呢？2015 年，Faster RCNN 提出了使用 Region Proposal Networks 来代替选择性搜索算法提取候选区域。该网络通过 softmax 层判断候选区域是否包含目标物体，并利用回归器修正候选框，获得精确的目标物位置。

RCNN 引入了选择性搜索算法，优化了滑动窗口带来的性能问题，同时结合 CNN 提取候选区域的图像特征，解决了人工定制样本的不通用性。最后，基于

　　⊖　Girshick R. Fast R-CNN[C]. ICCV, 2015.
　　⊖　Ren S, He K, Girshick R, Sun J. Faster R-CNN: Towards Real-time Object Detection with Region Proposal Networks[C]. In: NIPS, 2015.

SVM 对候选区域内的图像特征进行分类，得到目标物的类别信息，并对候选区域进行回归，得到准确的目标物位置。Fast RCNN 在 RCNN 的基础上，先把整张图像输入 CNN 网络提取特征图，然后每个候选框在特征图上映射特征图块，对特征图块进行分类，并用回归器进一步调整候选框的位置以作为目标物的位置。Faster RCNN 在 Fast RCNN 的基础上，用 Region Proposal NetWork 代替原来的选择性搜索算法来寻找候选框。随着 RCNN 网络的进化，物体识别的速度和准确度都有提高。

2. SSD[一]

虽然 Faster RCNN 在速度和准确性上取得了很大的进步，但是因为工程中有实时性要求，所以应用上还面临着挑战。2016 年，SSD（Single Shot MultiBox Detector）网络模型被提出，这种网络模型采用端到端的思想，即目标定位和分类在网络的单个前向传递中完成。SSD 多尺度检测如图 2-11 所示。

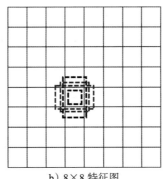
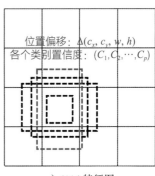

a）带有标记的原图　　　　　b）8×8 特征图　　　　　c）4×4 特征图

图 2-11　SSD 多尺度检测

SSD 模型的最开始部分采用的是 VGG16 的基础网络结构（使用的是前面的 5 层），在基础网络结构之后，添加了额外的卷积层，这些卷积层的大小是逐层递减的，可以在多尺度下预测目标物。SSD 和 Faster RCNN 在 VOC2007 测试集上性能

　　㊀　Liu W, Anguelov D, Erhan D, Szegedy C, et al. Reed. SSD: Single Shot Multibox Detector[C]. CoRR, 2015.

对比如表 2-2 所示，可以看出，在准确性差不多的情况下，SSD 在速度上有很大的提升。

表 2-2   SSD 和 Faster RCNN 性能对比

Method	mAP	FPS
Faster RCNN (VGG16)	73.2	7
SSD 300	74.3	46
SSD 512	76.8	19

作者 SSD 的实现是基于 caffe 框架的，GitHub 地址如下：https://github.com/weiliu89/caffe，感兴趣的读者，也可自行下载并运行。

3. YOLO[⊖]

Redmon 在 2015 年的 YOLO（You Only Look Once）论文中，开创性地提出了上文中提到的端到端的网络模型。如图 2-12 所示，YOLO 的中心思想为将一幅图像分成 7×7 个网格（网络单元），如果某个物体的中心落在其中某个网格中，则此网格就负责预测该物体。作者在 2016 年年底提出了 YOLOv2 版本，在 2018 年对 YOLOv2 版本又进行了改进，提出了 YOLOv3 版本。

与目前最好的目标检测系统相比，YOLOv1 存在的问题是精确度不够、误检率过高。YOLOv2 相对于 YOLOv1 的改进集中于在保持分类准确率的基础上增强定位精确度。通过 Batch Normalization、提高图像分辨率去除 YOLO v1 全连接层、采用固定框（Anchor Boxes）来预测 Bounding Boxes 等方法进行改进。在和 Faster RCNN 准确率持平的情况下，YOLOv2 的处理速度可以达到 90FPS。在高分辨率情况下，YOLOv2 在 VOC2007 数据集上的 mAP 值可以达到 78.6，如表 2-3 所示。

⊖ Redmon J, Divvala S, Girshick R, et al. You Only Look Once: Unified, Real-time Object Detection[J]. arXiv, 2015.

Redmon J, Farhadi A. YOLO 9000: Better, Faster, Stronger. in Computer Vision and Pattern Recognition[C]. CVPR, 2017.

Redmon J, Farhadi A. YOLO v3: an Incremental Improvement[J]. arXiv, 2018.

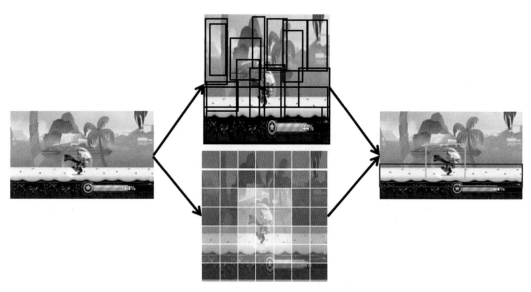

图 2-12　YOLO 端到端网络模型

表 2-3　VOC2007+VOC2012 数据集上 RCNN、SSD、YOLO 的性能对比

Detection Frameworks	mAP	FPS
Fast RCNN	70.0	0.5
Faster RCNN VGG16	73.2	7
Faster RCNN ResNet	76.4	5
SSD300	74.3	46
SSD500	76.8	19
YOLO	63.4	45
YOLOv2 288×288	69.0	91
YOLOv2 352×352	73.7	81
YOLOv2 416×416	76.8	67
YOLOv2 480×480	77.8	59
YOLOv2 544×544	78.6	40

　　YOLOv3 的主体网络有 53 层，所以称它为 darknet53，主要借鉴了残差和特征金字塔的思想，在速度和准确率上相较于 YOLOv2 都有一定的提升。所以，目前在工程、游戏中，形变物体检测的基础算法是 YOLOv3。

2.4　图像识别方法在游戏测试中的应用

2.4.1　特征点匹配在场景覆盖性测试上的应用

场景覆盖性测试是指测试游戏在实际运行过程中覆盖到多少场景。首先，我们需要录制所有的核心场景模板图像，并加载这些核心场景图像，AI运行过程中会实时采集大量的游戏运行中的截图。基于这些游戏截图形成测试数据集，遍历每一张测试数据集，分别利用基于部分图像的特征点算法和全图像的特征点匹配算法匹配核心场景图像和测试图像，最终筛选出匹配结果，过滤得到与之匹配的核心场景图像。通过匹配的核心场景的图像和数目，推测AI运行过程中的场景覆盖情况。工作流程如图2-13所示。

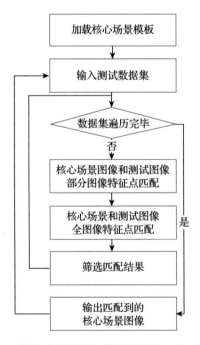

图2-13　特征点匹配在场景覆盖测试上的工作流程

部分图像结合全图像匹配策略

部分图像和全图像结合的方式可进行特征点匹配。在AI实际运行过程中，游戏界面中会有很多与玩家相关的信息。图 2-14a 展示的是某飞车类场景中的核心场景图像，界面中没有玩家好友信息。图 2-15b 所示的是部分区域被覆盖弹出调试框的界面。如果只选择基于全图像的特征点匹配方法，在测试图像红框标注的这部分区域提取到的特征点是无法在核心场景图像中找到匹配点的，很容易导致总体匹配到的特征点个数较少，得出这两张图片不是同一个场景的错误结论。

　　　　a）核心场景图像　　　　　　　　　　　　　b）测试图像

图 2-14　某飞车类场景中的核心场景图像和测试图像

　　　　a）核心场景图像　　　　　　　　　　　　　b）测试图像

图 2-15　某格斗类场景中的核心场景图像和测试图像

　　类似的，核心场景图像和测试图像可能有部分区域是相似或是完全一致的，但因为是不同的场景图片，所以从图像整体来看差异性还是比较大的。如图 2-16 所示，场景中的英雄人物是相同的，但是左图为游戏场景，右图为出战英雄场景，属于不同的场景。所以，除了选择部分图像的特征点匹配方案外，我们还需要结合全图像特征点匹配策略，共同筛选匹配结果。匹配效果如图 2-17 所示。

a）核心场景图像   b）测试图像

图 2-16   同一英雄人物不同场景下的核心场景图像和测试图像

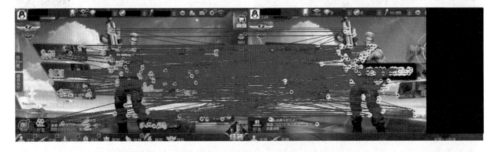

图 2-17   实际匹配效果

2.4.2　游戏场景图像的物体识别

在游戏中，进入对战状态被称为游戏场景内。游戏场景内的物体主要有两种，一种是固定状态，如图 2-18 所示的技能键、固定位置的图标等。这类游戏元素一般出现在游戏图像的固定位置，而且大小和外形是固定的。对于这类游戏元素的识别，我们可以采用模板匹配的方式。

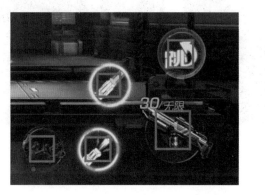

图 2-18　游戏内固定状态的识别

有些游戏元素在颜色上与其他物体的差别比较明显，根据物体颜色值的范围，对整张图像进行过滤，可以得到符合这种颜色特征的目标物的位置（如图 2-19 所示），当然也会存在误检的情况。

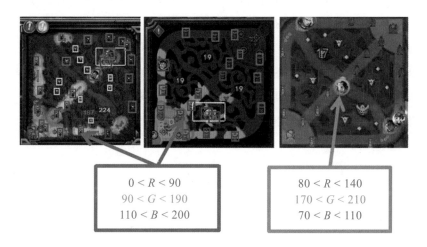

图 2-19　基于像素值的筛选

　　另一种是不固定状态。游戏中的英雄人物等角色很多都是位置不固定的，并且有一定的肢体动作。如图 2-20 所示，对于这种不固定状态的识别，我们采用 YOLOv3 网络模型进行检测。用户可以根据硬件条件和被检测物体的特点设计自己的网络模型，如减少网络的层数、设置符合检测目标物长宽比的候选框等。

图 2-20　不固定状态的识别

2.5　本章小结

　　本章主要介绍了传统的目标检测算法，如模板匹配、ORB 特征点匹配、HOG 特征提取结合 SVM 分类等经典的方法。这些传统的方法一般是先根据目标物的特点，人工有针对性地提取特征，在特征提取上不需要采集大量的样本进行训练。然后采用滑动窗口的方式在整张图像上扫描，对每一个子窗口内的特征图进行分类。基于这种方式对目标物进行分类和定位。近些年，卷积神经网络在图像检测上的应用更加广泛，随着 RCNN 系列的探索、SSD 算法的提出、YOLO 系列的改进，CNN 网络在特征提取方法上更通用，并且在速度和准确率上基本能满足工程应用的需求。但是，这种基于网络模型的算法一般需要采集大量的标签样本图像进行训练。

第 3 章

强化学习

第 3 章将介绍强化学习的一些基本理论和几种常用方法。在本章中，首先引入强化学习的基本概念，然后介绍两种强化学习方法，即基于值函数的强化学习方法和基于策略梯度的强化学习方法，最后介绍强化学习在自动化测试中的应用。读者可以从本章中学习到强化学习的思路以及常用方法的原理。

3.1 基本理论

强化学习（Reinforcement Learning）是近年来人工智能领域最受关注的方向之一，其使用人类学习过程中的试错机制，通过智能体（Agent）与环境（Environment）的交互，利用评价性的反馈信号实现决策的优化。尤其是在深度学习与强化学习结合后，我们可以直接从高维感知数据中学习控制智能体的行为模式，为解决复杂系统的感知决策问题提供思路。

强化学习的基本过程是一个马尔可夫决策过程（Markov Decision Process），可以用状态（State）、动作（Action）、状态转移概率（Possibility）和状态转移奖励（Reward）构成的四元组 $\{s, a, p, r\}$ 表示，如图 3-1 所示。

在离散时间的马尔可夫决策过程中，每一个状态表示为 s_i，状态的集合称为状态空间 S，$s_i \in S$。相应地，每一个动作表示为 a_i，动作的集合称为动作空间 A，$a_i \in A$。

如果在马尔可夫决策过程中，在第 t 步根据概率 $P(a_t \mid s_t)$ 选择了动作 a_t，状态 s_t 会根据状态转移概率 $P(s(t+1) \mid s_t, a_t)$ 转移到状态 s_{t+1}，并且在状态转移之后获得一个状态转移奖励 $r(s_t, a_t, s_{t+1})$。为了便于描述，下文将状态转移奖励 $r(s_t, a_t, s_{t+1})$ 简单记为 R_t。那么，从第 t 步到马尔可夫决策过程结束，累积奖励 G_t 的计算方式为：

$$G_t = R_t + \gamma R_{t+1} + \gamma^2 R_{t+2} + \cdots = \sum_{k=0} \gamma^k R_{t+k}$$

其中，$\gamma \in [0, 1]$ 为折扣因子，用于降低远期决策的奖励。

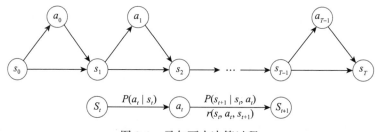

图 3-1　马尔可夫决策过程

图 3-2 展示了强化学习的过程。首先智能体从环境中观测其当前所处的状态，然后根据观测到的状态进行决策并在环境中采取相应的动作，最后由环境以奖励的形式对智能体的动作做出相应的反馈，同时根据智能体的动作改变自身的状态。当上述一个循环结束之后，智能体又开始新一轮的观测，直到智能体进入结束状态。

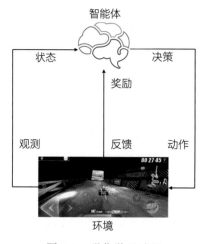

图 3-2　强化学习过程

在强化学习过程中，针对所有的状态、动作和奖励，智能体将会以"状态 – 动作 – 奖励"三元组的形式保存下来，生成一条强化学习的轨迹 τ：

$$\tau = \{(s_t, a_t, r_t), (s_{t+1}, a_{t+1}, r_{t+1}), \cdots\}$$

这条轨迹 τ 上保存的三元组（s_t, a_t, r_t）将作为强化学习的训练样本。智能体采取行动时依据的策略表示为函数 $\pi(a_t \mid s_t)$。强化学习的目标就是优化 $\pi(a_t \mid s_t)$ 这个函数，使智能体根据策略产生的动作在环境中取得较高的奖励，即找到一个最优策略 π^*，使得智能体在任意状态都能获得最大的累积奖励：

$$\pi^* = \arg\max\nolimits_{\pi} E_{\pi}(G_t \mid s_t), \ \forall s_t \in S, t \geqslant 0$$

强化学习经过多年的研究和发展已经有多种类型方法，这些方法可分为两类：一类是根据状态转移概率是否已知，分为基于模型（Model-based）的强化学习方法和无模型（Model-free）的强化学习方法；另一类是根据优化目标的不同，分为基于值函数（Value Function）的强化学习方法和基于策略梯度（Policy Gradient）的强化学习方法。如果智能体在学习过程中优化的策略与正在使用的策略是同一个策略，则称为同步策略学习（On-policy Learning）。如果智能体在学习过程中优化的策略与正在使用的策略是不同的策略，则称为异步策略学习（Off-policy Learning）。

在早期的强化学习中有一个经典问题——轨迹规划，目标就是从给定的初始位置到给定的终点位置训练模型，最终能够自适应地选择移动策略。这个问题可以归结为离散时间的最优控制问题，可以通过高斯混合模型对移动策略进行建模，并将专家示例样本轨迹作为训练集，求解高斯混合模型的参数来解决。

之后由于强化学习引入了智能体和环境的概念，并且使用即时的奖励函数对最优控制问题中稀疏的目标奖励进行补充，使强化学习中的最优控制问题拓展成更普遍、更广义上的序列决策问题。一方面，智能体在与环境的交互过程中还原了具有自主性的决策学习过程，这种学习方式与生物的学习方式一致。另一方面，智能体可以与环境进行交互，不断获取训练样本更新策略，因而不再依赖有限的专家样本。

强化学习的目标是使用函数对策略进行建模或拟合，并且在一定约束条件下优化这个函数。早期的强化学习都是使用凸函数对策略进行建模，只能在一些简单的决策问题上进行效果验证。在深度学习与强化学习结合后，强化学习得到极大的发展。一方面，深度神经网络允许使用非凸函数对策略进行建模，扩大了强化学习的应用范围。另一方面，深度神经网络强大的特征提取和函数拟合能力允许强化学习应用在非常复杂的决策问题上。例如，在一些以视觉信息为观测状态的问题中，深度神经网络与强化学习的结合使端到端的训练成为可能，大幅节省了观测状态数据处理的时间。目前，强化学习已经广泛地应用于游戏、自动驾驶、机器人、对话系统和信号灯控制等领域。

3.2 基于值函数的强化学习

3.2.1 值函数

在强化学习中，为了使智能体学到一个好策略，需要赋予智能体评估策略好坏的能力。一种最直接的方式就是在某个特定的状态下，为每次动作赋予相应的评估价值。如果在该状态下采取某一动作后，未来能够获得的累积奖励期望值越高，那么这个动作的评估价值就越大。

我们可以使用动作值函数 $Q_\pi(s, a)$ 对动作进行价值评估：

$$Q_\pi(s, a) = E(G_t \mid s_t = s, a_t = a)$$

也就是智能体在状态 s 采取某一特定的动作 a 后可以得到评估价值 $Q_\pi(s, a)$。相应地，每个状态的价值可以定义为从当前状态到终止状态能够获得的累积奖励的期望，称为状态值函数 $V_\pi(s)$：

$$V_\pi(s) = E(G_t \mid s_t = s)$$

$Q_\pi(s, a)$ 和 $V_\pi(s)$ 之间的相对关系可以使用 Bellman 方程表示：

$$Q_\pi(s, a) = R_{t+1} + \gamma \sum_{s' \in S} P(s_{t+1} = s' \mid s_t = s, a_t) V_\pi(s')$$

$$V_\pi(s) = \sum_{a \in A} \pi(a \mid s) Q_\pi(s, a)$$

由于值函数是对具体状态和动作进行价值评估，因此，基于值函数的强化学习方法不适用于动作空间连续的强化学习问题。

3.2.2　DQN

在 2015 年，Mnih 等人[一]提出了 DQN（Deep Q-Network），其是利用深度学习进行强化学习的网络。DQN 利用 Q-learning 训练卷积神经网络，并且添加目标网络提高模型的学习性能。

在 DQN 出现之前，利用神经网络逼近强化学习中的动作值函数时会出现不稳定甚至不收敛的问题；DQN 出现之后，使用经验回放和目标网络这两种技术解决了这个问题。

（1）经验回放

经验回放的具体做法是在每个时间点存储智能体的经验 $e_t = (s_t, a_t, r_t, s_{t+1})$，形成回放记忆序列 $D = \{e_1, \cdots, e_N\}$。在训练时，每次从回放记忆序列 D 中随机提取小批量的经验样本，并使用随机梯度下降算法更新网络参数。经验回放通过重复采样历史数据增加了数据的使用效率，同时减少了数据之间的相关性。

（2）目标网络

DQN 使用卷积神经网络逼近动作值函数，我们将该卷积神经网络称为 Q 网络，将动作值函数参数化表示为 $Q(s, a, \theta_i)$，其中 θ_i 为 Q 网络在第 i 次迭代时的参数。Q 网络每次迭代的优化目标值为：

$$y = r + \gamma \max_{a'} Q(s', a', \theta'_i)$$

该目标值 $Q(s', a', \theta'_i)$ 由另外一个单独的目标网络产生，其中，s' 为下一时刻的状态，a' 为所有可能的动作，θ'_i 为目标网络的参数。

在 Q 网络的训练过程中，参数 θ_i 通过最小化以下目标函数进行更新：

$$L_i(\theta_i) = E_{(s, a, r, s')}[(y - Q(s, a, \theta_i))^2]$$

对上式求偏导可得：

$$\nabla_{\theta_i} L_i(\theta_i) = E_{(s,a,r,s')}\left[\frac{1}{2}(y - Q(s,a,\theta_i))\nabla_{\theta_i} Q(s,a,\theta_i)\right]$$

目标网络和 Q 网络都为卷积神经网络，二者可以使用相同的结构。目标网络的参数 θ_i' 每经过 N 次迭代便使用 Q 网络的参数 θ_i 更新一次，在中间过程中目标网络的参数 θ_i' 保持不变。

DQN 的网络结构如图 3-3 所示。网络的输入是经过预处理后的连续 4 帧游戏图像，经过 3 层卷积层和 2 层全连接层，输出每个动作所对应的 Q 值。与很多传统的卷积神经网络不同，DQN 所用的卷积神经网络没有池化层。

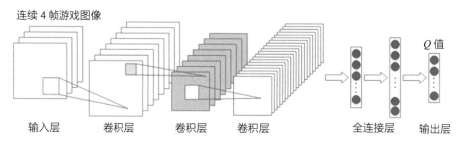

图 3-3　DQN 网络结构示意

与传统的强化学习方法相比，DQN 主要有两个贡献。

1）使用经验回放和目标网络来稳定模型的训练过程。

2）设计了一种端到端的强化学习方法，即以原始像素和游戏比赛得分作为输入，输出每个动作对应的 Q 值。

3.3　基于策略梯度的强化学习

与基于值函数的强化学习方法相对应的是基于策略梯度的强化学习方法，这类方法不会评价策略的好坏，而是使用采样的方法直接优化策略，使其向着更大的累积奖励期望的目标改进。

3.3.1 策略梯度

策略梯度的思想是把策略 π 参数化为 π_θ，将累积奖励的期望作为目标函数 $L(\pi_\theta)$：

$$L(\pi_\theta) = E(G_t \,|\, \pi_\theta)$$

并计算出关于策略的梯度，沿着梯度的方向不断调整动作，逐渐得到最优策略。

策略梯度会考虑在当前策略之后所有可能出现的轨迹，并求取这些轨迹对应的平均累积奖励。在进行单步动作时，需要对累积奖励在状态空间和动作空间上求关于状态转移概率和策略的二重积分：

$$\begin{aligned}
\nabla_\theta L(\pi_\theta) &= \nabla_\theta E(R(R(s,a) \,|\, \pi_\theta)) \\
&= \int_s P^\pi(s) \int_a \nabla_\theta \pi_\theta(a \,|\, s) R(s,a) \mathrm{d}a \mathrm{d}s
\end{aligned}$$

其中，$R(s,a)$ 表示在状态 s 下采取动作 a 时得到的奖励，$P^\pi(s)$ 表示在策略 π 下状态 s 的转移概率。在进行连续 N 步动作时，我们可以使用 Q 值函数替代 $R(s,a)$：

$$\begin{aligned}
\nabla_\theta L(\pi_\theta) &= \int_S P^\pi(s) \int_a \nabla_\theta \pi_\theta(a \,|\, s) Q^\pi(s,a) \mathrm{d}a \mathrm{d}s \\
&= \int_S P^\pi(s) \int_a \nabla_\theta \pi_\theta(a \,|\, s) \frac{\nabla_\theta \pi_\theta(a \,|\, s)}{\pi_\theta(a \,|\, s)} Q^\pi(s,a) \mathrm{d}a \mathrm{d}s \\
&= \int_S P^\pi(s) \int_a \pi_\theta(a \,|\, s) \nabla_\theta \log \pi_\theta(a,s) Q^\pi(s,a) \mathrm{d}a \mathrm{d}s \\
&= E_{s \sim P^\pi, a \sim \pi_\theta} [\nabla_\theta \log \pi_\theta(a \,|\, s) Q^\pi(s,a)]
\end{aligned}$$

在实际运算中，由于我们无法对状态和动作的二重积分进行直接计算，因此，可以使用一种相对简单的处理方式，即使用蒙特卡洛采样法对梯度进行估计，采样 m 条轨迹，每条轨迹对应 T 步动作，求取平均目标函数梯度：

$$\nabla_\theta L(\pi_\theta) = \frac{1}{m} \sum_{t=0}^{T-1} \sum_{i=1}^{m} \nabla_\theta \log \pi_\theta(a_t^i \,|\, s_t^i) Q^\pi(s_t^i, a_t^i)$$

3.3.2 Actor-Critic

演员 – 评论家（Actor-Critic，AC）是得到广泛应用的基于策略梯度的强化学习方法。演员 – 评论家的网络结构如图 3-4 所示。

演员 – 评论家的网络结构包括两部分：
演员（Actor）和评论家（Critic）。模型的输
入为状态 s，演员根据以下公式采用随机梯
度下降法更新随机策略 $\pi_\theta(a \mid s)$ 的参数：

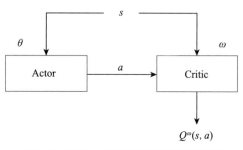

图 3-4　演员 – 评论家的网络结构示意

$$\nabla_\theta L(\pi_\theta) = E_{S \sim P^\pi, a \sim \pi_\theta}[\nabla_\theta \log \pi_\theta(a \mid s)Q^\pi(s,a)]$$

并且使用评论家得到的动作值函数 $Q^\omega(s,a)$ 替
代上式中未知的真实动作值函数 $Q^\pi(s,a)$。演员输出的状态 s 和动作 a 一起输入评论家
中，由评论家使用 TD 策略评价算法来估计动作值函数 $Q^\omega(s,a) \approx Q^\pi(s,a)$。简单来说，
演员 – 评论家的整个学习过程为演员产生动作，评论家对演员产生的动作进行打分，
并生成 TD 估计误差来同时指导演员和评论家进行更新。

我们在利用演员 – 评论家进行强化学习时，经常会从一个不同于 $\pi_\theta(a \mid s)$ 的策略
$\beta(a \mid s)$ 中采样来估计策略梯度。因此，目标函数也会相应地修改为目标策略的值函数
$V^\pi(s)$ 在策略 β 的状态概率分布 $P^\beta(s)$ 上求积分的形式：

$$L_\beta(\pi_\theta) = \int_s P^\beta(s)V^\pi(s)\mathrm{d}s$$
$$= \int_s P^\beta(s)\int_a \pi_\theta(a \mid s)Q^\pi(s,a)\mathrm{d}a\mathrm{d}s$$

对上式两边求偏导，并且丢弃和 $\nabla_\theta Q^\pi(s,a)$ 相关的一项，得到策略梯度：

$$\nabla_\theta L_\beta(\pi_\theta) \approx \int_s P^\beta(s)\int_a \nabla_\theta \pi_\theta(a \mid s)Q^\pi(s,a)\mathrm{d}a\mathrm{d}s$$
$$= E_{s \sim P^\beta, a \sim \beta}\left[\frac{\pi_\theta(a \mid s)}{\beta_\theta(a \mid s)}\nabla_\theta \log \pi_\theta(a \mid s)Q^\pi(s,a)\right]$$

演员 – 评论家使用动作策略 $\beta_\theta(a \mid s)$ 来产生轨迹样本。评论家利用这些样本并且
使用梯度时间差分（Gradient Temporal Difference, GTD）的方式估计状态值函数
$V^v(s) \approx V^\pi(s)$。演员根据上述公式采取随机梯度下降法来更新策略参数 θ。在计算时，
用 TD 误差 $\delta_t = r_{t+1} + \gamma V^v(s_{t+1}) - V^v(s_t)$ 代替未知的动作值函数 $Q^\pi(s,a)$。演员和评论家

都使用重要性采样权重 $\dfrac{\pi_\theta(a|s)}{\beta_\theta(a|s)}$ 来调整目标函数。因为事实上，动作是根据策略 β 而不是策略 π 来选择的。

3.3.3 DDPG

对于离散和低维的动作空间，我们可以使用 DQN 进行策略学习。然而，许多任务有着连续和高维的动作空间，如果要将 DQN 运用于连续域，一种方法就是把动作空间离散化，但是这会带来维数灾难。因为动作的数量会随着自由度的增加而呈指数倍增长，进而给训练过程带来很大困难。此外，单纯地对动作空间进行离散化会去除关于动作的结构信息。

为解决上述问题，2015 年 Lillicrap 等人[⊖] 将 DQN 的思想应用到连续动作中，提出了一种基于确定性策略梯度和演员 – 评论家的无模型算法——深度确定性策略梯度（Deep Deterministic Policy Gradient，DDPG）。

DDPG 借鉴了 DQN 的技术，采用经验回放和目标网络技术，减少了数据之间的相关性，增加了算法的稳定性和健壮性。虽然 DDPG 借鉴了 DQN 的思想，但是要直接将 Q-learning 应用到连续动作空间是不可能的，因此 DDPG 采用的是基于确定性策略梯度的演员 – 评论家方法。

DDPG 采用的经验回放技术和 DQN 完全相同，但是目标网络的更新方式与 DQN 有所不同。DQN 的目标网络是每隔 N 步和 Q 网络同步更新一次，而在 DDPG 中演员和评论家各自的目标网络参数 θ^- 和 ω^- 是通过缓慢变化的方式更新，不直接复制参数，以此进一步增加学习过程的稳定性，如下式所示：

$$\theta^- = \tau\theta + (1-\tau)\theta^-$$
$$\omega^- = \tau\omega + (1-\tau)\omega^-$$

在连续动作空间学习策略的主要挑战是如何有效地进行动作探索。由于 DDPG 使

⊖ Lillicrap T P, Hunt J J, Pritzel A, et al. Continnons Control with Deep Reinforcement Learning[J]. Computer Science, 2015, 8(6): A187.

用的是 Off-policy 策略学习方法，因此可以通过额外增加一个噪声项 N 来构建一个探索策略 μ'：

$$\mu'(s_t) = \mu_\theta(s_t) + N$$

综上所述，DDPG 算法的演员网络参数 θ 和评论家网络参数 ω 的更新公式如下所示：

$$\delta_t = r_t + \gamma Q^{\omega^-}(s_{t+1},\ \mu'_\theta - (s_{t+1})) - Q^\omega(s_t, a_t)$$

如图 3-5 所示，在网络结构上，与 DQN 相比，DDPG 除了 Q 网络之外还多了一个策略网络，策略网络的输出为 $\pi(s)$。同时，DQN 的输入仅是连续的视频帧而不需要额外输入动作，每个离散动作都有一个单独的输出单元。而 DDPG 的 Q 网络则是在输入连续的视频帧后通过卷积神经网络得到特征，再输入动作 a，最后输出 Q 值。

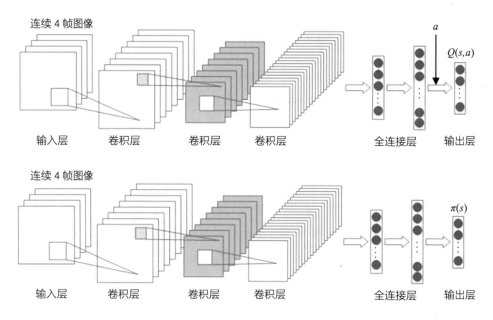

图 3-5　DDPG 的网络结构示意

DDPG 的一个关键优点就是简洁，这使它能够很容易地应用到更复杂的问题中。不过 DDPG 也有一些局限性，最明显的就是它与大多数无模型的强化学习方法一样，需要大量的训练时间才能收敛。

3.3.4 A3C

DQN 使用了经验回放进行数据存储,训练数据可以成批处理或者从不同的时间步长中随机抽样得到,这样减少了强化学习过程中的不稳定性,并且去除了更新序列的相关性。但是,经验回放的主要缺点是在每次训练时都要使用很多存储空间和计算资源,并且只能用于 Off-policy 的强化学习方法。

针对上述问题,2016 年 Mnih 等人[一]提出了一种轻量级强化学习方法——异步优势演员 – 评论家(Asynchronous Advantage Actor-Critic,A3C)。A3C 使用另一种思路替代经验回放,即创建多个智能体在多个环境中并行和异步地进行强化学习。首先,在一台机器上使用多核 CPU 的多线程构建异步的演员 – 评论家,节省梯度和参数的计算资源。然后,采用并行的多个演员 – 评论家探索环境中的不同部分,并且在每个环境中采用不同的策略,使策略具有多样性。最后,通过在不同的线程上采用不同的策略,对不同的演员 – 评论家进行参数更新,减少数据在时间上的相关性。因此,A3C 不需要经验回放也可以实现稳定的强化学习过程。

A3C 除了使强化学习的过程稳定之外,还有 2 个好处:①减少训练时间,线程数量越多,训练时间越短;②不再依赖经验回放,可以使用 On-policy 的强化学习算法稳定地训练神经网络。

和 DDPG 类似,A3C 每执行 t_{max} 个动作之后或者到达终点状态时,其策略和值函数会更新一次。演员网络的梯度为 $\nabla_{\theta'} \log_{\pi}(a_t|s_t;\theta')A(s_t,a_t;\theta',\theta'_v)$,其中优势函数的估计值为:

$$A(s_t,a_t;\theta',\theta'_v) = \sum_{i=0}^{k-1} \gamma^i r_{t+i} + \gamma^k V(s_{t+i};\theta'_v) - V(s_t;\theta'_v)$$

其中,θ' 是策略参数,θ'_v 是状态值函数的参数,不同状态对应不同的 k,k 的取值上界为 t_{max}。

A3C 的网络结构中使用了一个卷积神经网络,Softmax 输出层的输出策略为 $\pi(a_t|s_t;\theta)$,线性输出层的输出值函数为 $V(s_t;\theta_v)$,其余层由 Q 网络和策略网络共享。

㊀ Mnih V, Badia A P, Mirza M, et al. Asynchronous Methods for Deep Reinforcement Learning[C]. Proceedings of the International Conference on Machine Learning, 2016:1928-1937.

除此以外，在目标函数关于策略参数 θ' 的梯度中可以增加策略 π 的熵正则化项 $\beta\nabla_{\theta}H(\pi(s_t;\theta))$，其中，$H(\cdot)$ 是熵，可以避免网络过早收敛到次优策略，提高 A3C 的探索效率。在训练时，A3C 采用基于均方根传播（Root Mean Square Propagation, RMSProp）的优化方法。上述过程如图 3-6 所示。

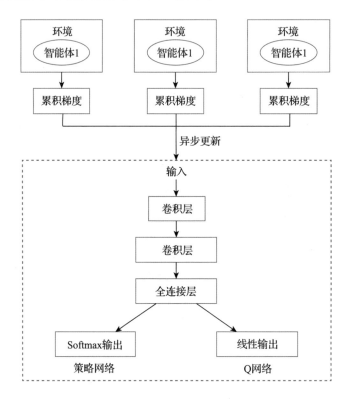

图 3-6　A3C 的训练过程示意

3.4　强化学习在自动化测试中的应用

在游戏进入关卡后，我们可以使用 3.2 节和 3.3 节介绍的强化学习方法让游戏自动运行起来。本节以赛车游戏为例介绍如何使用 A3C 进行自动化测试。

在进行自动化测试之前，我们需要训练强化学习模型，训练流程如图 3-7 所示。在进入游戏后，通过 UI 自动化的方式让游戏到达关卡开始的界面，此时开始强化学习的训练过程。当游戏到达关卡结束的界面时，暂停强化学习的训练过程，再次使用

UI 自动化的方式让游戏返回到关卡开始的界面，如此反复进行，直到达到最大的训练次数。

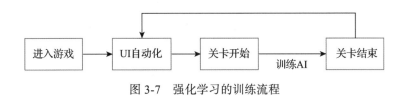

图 3-7　强化学习的训练流程

强化学习模型将小地图作为输入区域，游戏的控制位置作为操作区域。并且，为了获取强化学习训练过程中的奖励，我们将游戏关卡中的速度值作为计算奖励的依据，如图 3-8 所示。当速度增加时，奖励为正值；当速度降低时，奖励为负值。

图 3-8　强化学习使用的各个区域示意图

强化学习模型的网络结构如图 3-9 所示。输入为游戏图像中小地图的图像，演员网络输出当前时刻需要执行的动作，评论家网络输出当前时刻运行状态的评价。AlexNet 从输入层到全连接层，包含 5 个卷积层和 3 个池化层。演员和评论家网络都有两个全连接层，神经元数量分别为 1024 和 512。演员网络输出层使用 softmax 激活函数，神经元数量等于动作数量，输出动作策略。评论家网络输出层不使用激活函数，只有一个神经元，输出评价数值。

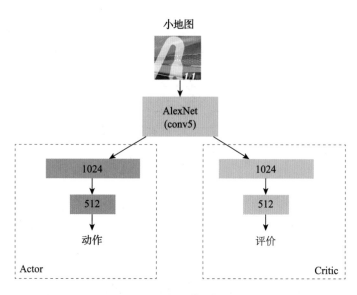

图 3-9　A3C 网络结构示意

在设计赛车游戏动作时，可以使用离散的动作，包括：左转、右转和无动作。这样的动作设计方式比较简单，便于强化学习模型快速训练出效果。也可以使用连续的动作，将漂移添加到动作中，让强化学习模型学习左转、右转、漂移和无动作的执行时刻和执行时长。

在训练时需要使用 3.3.4 节中介绍的 A3C 训练过程，利用分布式结构提高样本的采集速度，缩短强化学习模型的训练时间。当训练完成后，就可以使用训练好的强化学习模型在游戏关卡中进行自动化测试了。

3.5　本章小结

本章首先引入了强化学习中的一些基本概念，然后介绍了基于值函数的强化学习方法，叙述了值函数的理论和 DQN，之后介绍了基于策略梯度的强化学习方法，叙述了策略梯度的理论以及 AC、DDPG 和 A3C 三种方法，最后以赛车游戏为例介绍如何使用 A3C 进行自动化测试。

第 4 章

模 仿 学 习

第 4 章将为读者介绍模仿学习的最新研究进展，以及如何将模仿学习运用在游戏的自动化测试中。这些研究在游戏 AI 的发展中非常有借鉴意义。

模仿学习是近年来研究者广泛关注的游戏 AI 算法，其本质是从玩家录制的游戏样本中学习潜在的游戏策略经验。目前有很多关于模仿学习的研究工作，主要分为行为克隆和逆强化学习两种。本章将介绍这两种算法的原理和优缺点，并根据实际的游戏测试环境，制定一套基于模仿学习的游戏 AI 训练方案。该方案在仅依靠 CPU 的情况下，只需要一个小时便能完成游戏 AI 的训练，极大地提升了训练效率。

4.1 什么是模仿学习

游戏 AI 是游戏自动化测试的重要组成部分，可以通过硬编码、强化学习和模仿学习的方式实现。其中，硬编码是根据玩家玩游戏总结的规则编写的游戏 AI 策略，优点是可以根据游戏目标定制游戏 AI 策略，便于添加策略；缺点是要求研究人员对游戏有较深入的认知，且不同游戏的 AI 策略变化较大，很难实现泛化。强化学习则是通过与环境进行交互，记录状态、执行的动作以及对应的奖励，将累积奖励期望最大化来优化模型参数，这种方法通过多次与环境交互后能得到较好的 AI 效果，但是会耗费大量的时间，同时非常依赖人工设计的奖励函数。模仿学习则需要玩家录制玩游戏的样本，记录不同状态对应的动作，随后从这些样本中学习特定的游戏策略。与强化学习相比，模仿学习不需要人工设计奖励函数，其中的行为克隆算法不需要与游戏环境进行交互，能在短时间内完成游戏 AI 的训练。

模仿学习也称为示范学习和学徒学习，主要思想是通过专家演示学会如何完成一个任务。与强化学习相比，模仿学习可以不用人工定义奖励函数，训练速度更快。

4.2 节将详细介绍两种模仿学习算法（行为克隆和逆强化学习），并分析每种算法适合的应用场景，读者可以根据自己的需求选择对应的模仿学习算法。

4.2　模仿学习研究现状

4.2.1　行为克隆

行为克隆可以看作一种监督学习的算法，其主要思路是根据玩家提供的游戏录制的样本，由 AI 通过深度网络等模型从样本集中提取玩家玩游戏的策略，当 AI 与游戏环境交互时，能匹配当前的游戏状态，然后模仿玩家的动作进行应对。该算法与监督的图像分类问题很相似：在图像分类问题中，需要提供图像集和每张图像对应的类别标签，然后构建深度网络结构，提取图像中的潜在语义特征，优化目标要求模型预测的类别与真实的图像类别尽量相同；而在行为克隆中，它是将图像分类中的图像类别标签转换成玩家的动作标签，特征提取部分同样基于深度网络，训练模型的目标要求相同状态下尽量输出与玩家相同的动作。

与监督的图像分类问题相比，行为克隆训练的难度更高，主要有以下几个原因。

第一，在图像分类问题中，我们可以在构建样本集时便充分考虑训练集和样本集的样本分布，尽量保证两者相似，这样训练出来的模型在训练集和验证集都能取得较好的效果。但是，行为克隆训练出来的模型要求会根据当前的游戏画面做动作，游戏环境会根据当前动作更新游戏画面。也就是说在行为克隆问题中，训练集是根据玩家策略录制的图像和动作集合，而测试集是根据模型学习的策略生成的游戏图像，一旦模型策略和玩家策略存在偏差，训练集和样本集的样本分布会出现较大差异。当 AI 由于动作偏差而进入训练集中未出现的场景时，模型无法做出正确的动作。

第二，图像分类目前有诸如 ImageNet 的大规模数据集，可以先在大规模数据集训练得到初始的网络模型，由于图像样本覆盖大量场景，基于其训练的模型不容易出现过拟合的情况。然后，针对特定任务，在初始模型上微调模型参数，这样即使特定任务中采集的样本图像较少，也能提取到较为健壮的潜在特征，防止模型过拟合。但是针对游戏中的行为克隆问题，目前并没有大规模的游戏样本集，而且自然场景图像与游戏图像在外观上存在较大差异，不同游戏风格各异，很难提取针对游戏的通用特征，这也就导致行为克隆训练的模型容易过拟合，即训练过程中能获得较好的效果，但在测试过程中难以做出与玩家类似的动作。

第三，在图像分类问题中，图像的类别很少会出现标签模糊的情况。针对相同图像，不同人给出的类别标签基本是一致的，这也意味着相同类别的图像在外观上有较大的相似性，不同类别的图像在外观上区分度高。但是在行为克隆问题中，玩家在同一个状态下可以执行多种动作，而不同玩家游戏策略不同，相同游戏状态有可能会执行完全不同的行为，这使得模型很难从同一类动作对应的样本集中提取判别力强的抽象特征，进一步提高行为克隆的准确度。

第四，在玩家录制的样本中，不同类别的样本数量差异很大，采用这些样本训练模型容易使网络倾向于做特定动作。另外，很多游戏场景下，玩家有多种动作选择，而且不会对游戏结果产生不良影响，这会导致同一个动作对应的样本集外观差异较大，难以专注于学习关键时刻的动作策略。

行为克隆虽然有以上描述的问题，但其优点也很明显。在训练过程中，行为克隆不需要与真实环境进行交互，仅需要提供玩家录制的样本就可以训练，极大地降低了使用门槛，而无须使用游戏内部接口。

4.2.2 逆强化学习

什么是逆强化学习？为了回答这个问题，我们首先回顾一下强化学习的重要知识。在强化学习中，首先要根据特定游戏设计奖励函数，比如在跑酷类游戏中，角色在每一局游戏跑的距离就可以看作游戏的奖励，强化学习算法会收集当前游戏的状态、角色移动的距离和执行的动作，根据新收集的数据更新模型参数，如果当前执行的动作获得正向奖励，则下次遇到同样游戏状况时，增加该动作的概率。这看上去很容易，但在实际操作中，设计奖励函数对研究者有一定难度，需要考虑游戏角色多种状态下应该给予多大的奖励，而强化学习训练出来的AI效果对奖励函数非常敏感，往往需要长时间的尝试才能设计出比较理想的奖励函数，且在复杂游戏中，很难设计高效的奖励函数。为了解决这个问题，研究者提出了逆强化学习算法，其能根据专家录制的样本推导潜在的奖励函数，避免人工设计，降低了研究者的使用门槛。

逆强化学习假设专家在执行特定任务时，其决策是接近最优的，所以我们需要找到一个奖励函数，使专家策略累积的奖励期望大于其余策略产生的奖励期望。确定奖励函数之后，再使用强化学习训练模型，即强化学习使用的奖励函数是根据专家示例推导学习得到的。

逆强化学习步骤如下：第一步，随机初始化模型参数；第二步，使用该模型与游戏环境进行交互，输入当前游戏状态，输出要执行的动作，将收集的样本与专家录制的样本进行对比，根据专家样本得到奖励期望最大的奖励函数；第三步，通过奖励函数进行强化学习，提升模型的游戏水平。如果AI策略和专家策略差异较小，则停止训练，否则回到第二步，继续学习奖励函数。可以看出逆强化学习需要不断迭代更新奖励函数，每更新一次奖励需要采用强化学习推导新的游戏策略，这也说明逆强化学习比一般的强化学习算法更耗时。

为了减少逆强化学习的训练时间，研究者提出了生成对抗模仿学习算法，其采用生成器和判别器的思路，要求生成器生成的游戏样本要尽可能接近专家录制的游戏样本，而判别器用于区分专家样本的精度。这样避免了逆强化学习中反复用强化学习训练模型，有助于模型的快速训练。

与行为克隆相比，逆强化学习由于与游戏环境交互，能扩充大量样本，从而提升了模型的策略，但正因为其必须与环境交互，所以训练时间远高于行为克隆所需时间。如果需要AI有很好的表现且对训练时长不太敏感，则可以尝试逆强化学习的方法。

4.3　模仿学习在自动化测试中的运用

逆强化学习和生成对抗模仿学习都需要与游戏环境进行交互，而市面上大多数游戏没有提供内部接口，无法对游戏进行加速，因此，与游戏环境交互需要耗费大量时间。为了快速训练游戏 AI，我们采用行为克隆方案，并增加一系列策略来弥补行为克隆的缺陷。训练流程如图 4-1 所示。

图 4-1　训练流程

首先，人工录制半小时左右特定场景的游戏样本，保留游戏过程中的图像和对应的游戏动作。随后，提取图像中对动作执行影响较大的区域，去除干扰。录制过程中，我们会对不同动作的样本进行重新采样，确保每类动作对应的样本数量超过一个阈值，该阈值通常根据经验进行设置。最后，将调整过的样本输入深度网络进行训练。

通过人工录制游戏的方式收集半小时左右的游戏样本。采用的游戏频率为 1 秒 10 帧，采用的游戏按钮根据游戏自行设定，比如针对飞车游戏，采用左移、右移和漂移；针对天天酷跑，采用下蹲和跳跃；针对枪战游戏，采用上移、下移、左移和右移；针对动作游戏，采用左移、右移、攻击、闪避和必杀。游戏图像和按钮示例如图 4-2 所示，红色框内为对应的游戏按钮。

图 4-2　游戏按钮示例

我们可以对游戏按钮进行组合，比如在飞车游戏的录制过程中，如果玩家同时按下左移和漂移，将这种行为定义为左漂移；如果同时按下右移和漂移，则定义为右漂移。录制过程中，如果没有按压任何游戏按钮，则定义为没有动作。

游戏图像中往往存在一些更具动作判别力的区域，提取这些区域可以减小模型训练的难度，更能让深度网络学会如何提取关键的抽象特征。比如在飞车和枪战类游戏中，雷达地图是非常重要的区域，与执行的动作相关度较高，因此，对于这类含有小地图的游戏，我们往往是提取其中的小地图，将其作为深度网络的输入，而对于没有小地图的游戏，则选择对动作影响较大的矩形区域。区域提取的示例如图 4-3 所示。

图 4-3　区域提取示例

由于在游戏录制过程中，不同动作类别的数量差异较大，比如在飞车类游戏中，一共设计了 5 个动作：左移、右移、左漂移、右漂移和没有动作。其中，没有动作对应的样本数量远超其他动作对应的样本数量，如果不对动作进行重新采样，那训练出来的游戏将会倾向于做一个动作。为此，我们对游戏样本进行重新采样，保证每一类动作的样本数量超过总样本数量的 20%，这里 20% 是一个经验值。

对样本进行重新采样后，选取 80% 的样本训练网络，余下的样本用于模型的验证。为了减少计算量，图像统一缩放至 150×150 像素。由于游戏的画面变化一般较为剧烈，通过简单的深度网络难以提取具备判别力的抽象特征，所以我们设计了一种轻量化的残差网络，其能在 CPU 下达到 1 秒 10 帧以上的速度，耗费的内存和计算资源较小。残差网络结构如图 4-4 所示，通过与之前的特征融合，网络能防止梯度衰减，提升网络的收敛速度。网络结构由两个子模块构成，子模块的结构如图 4-5 所示，而轻量化模型结构如图 4-6 所示。在训练轻量化残差网络的过程中，我们将交叉熵损失作为模型的目标函数，通过梯度后向传递的方式迭代更新网络参数。

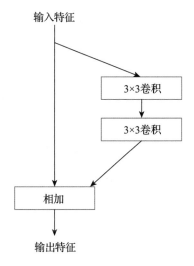

图 4-4 残差网络结构

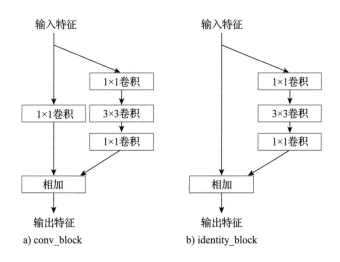

a) conv_block   b) identity_block

图 4-5 子模块结构

轻量化模型是基于 Keras 编写的，网络的定义代码如下。

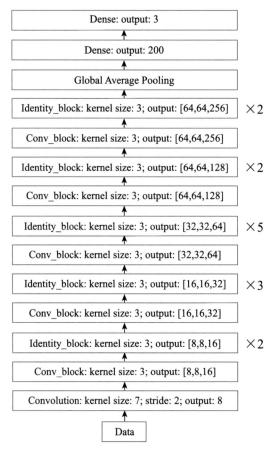

图 4-6 轻量化模型架构

```
import keras
from keras import regularizers
import keras.backend as K
from keras.layers import Input, Activation, BatchNormalization, Flatten, Conv2D
from keras.applications.resnet50 import conv_block, identity_block
from keras.layers import Convolution2D, ZeroPadding2D
from keras.layers import MaxPooling2D, Dense, GlobalAveragePooling2D, PReLU, LSTM

def Keras_Model(imageSize, imageSize, imageChannel, actionSpace):
    input_shape = (imageSize, imageSize, imageChannel)
    img_input = Input(shape=input_shape)
    bn_axis = 3
    x = ZeroPadding2D((3, 3))(img_input)
    x = Convolution2D(8, 7, 7, subsample=(2, 2), name='conv1')(x)
    x = BatchNormalization(axis=bn_axis, name='bn_conv1')(x)
```

```
x = Activation('relu')(x)
x = MaxPooling2D((3, 3), strides=(2, 2))(x)
x = conv_block(x, 3, [8, 8, 16],stage=2, block='a', strides=(1, 1))
x = identity_block(x, 3, [8, 8, 16], stage=2, block='b')
x = identity_block(x, 3, [8, 8, 16], stage=2, block='c')
x = conv_block(x, 3, [16, 16, 32], stage=3, block='a')
x = identity_block(x, 3, [16, 16, 32], stage=3, block='b')
x = identity_block(x, 3, [16, 16, 32], stage=3, block='c')
x = identity_block(x, 3, [16, 16, 32], stage=3, block='d')
x = conv_block(x, 3, [32, 32, 64], stage=4, block='a')
x = identity_block(x, 3, [32, 32, 64], stage=4, block='b')
x = identity_block(x, 3, [32, 32, 64], stage=4, block='c')
x = identity_block(x, 3, [32, 32, 64], stage=4, block='d')
x = identity_block(x, 3, [32, 32, 64], stage=4, block='e')
x = identity_block(x, 3, [32, 32, 64], stage=4, block='f')
x = conv_block(x, 3, [64, 64, 128], stage=5, block='a')
x = identity_block(x, 3, [64, 64, 128], stage=5, block='b')
x = identity_block(x, 3, [64, 64, 128], stage=5, block='c')
x = conv_block(x, 3, [64, 64, 256], stage=6, block='a')
x = identity_block(x, 3, [64, 64, 256], stage=6, block='b')
x = identity_block(x, 3, [64, 64, 256], stage=6, block='c')
x = GlobalAveragePooling2D()(x)
x = Dense(200, name='fc_feature')(x)
x = PReLU()(x)
x = Dense(actionSpace, activation='softmax', name='fc_action')(x)
model = Model(img_input, x)
return model
```

　　为了提取游戏过程中的时序特征，我们提出了一种基于 LSTM 的网络结构。为了加快收敛速度，LSTM 的输入特征为 5 帧连续图像的轻量化网络的全连接特征，输出的特征维度为 100，随后通过一个全连接层输出每个动作的概率。LSTM 网络结构如图 4-7 所示。通过 20 轮迭代优化，得到优化后的 LSTM 结构的深度网络模型。

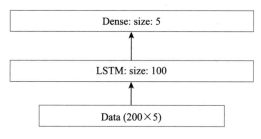

图 4-7　LSTM 网络结构

LSTM 网络的代码如下：

```
def Keras_Model_LSTM(timeStep, actionSpace):
    model = Sequential()
    model.add(LSTM(100, input_dim=200, input_length=timeStep))
    model.add(Dropout(0.6))
    model.add(Dense(actionSpace, activation='softmax'))
    return model
```

在测试阶段，首先从游戏图像中提取重要区域，随后输入轻量化网络提取抽象特征，将 5 帧连续图像的全连接特征输入 LSTM 网络得到每个类别的概率，然后根据游戏的不同，执行最大概率的动作或按概率随机采样的动作。一般飞车类和酷跑类游戏是执行概率最大的动作，而枪战类和动作类游戏是执行按概率随机采样的动作。

4.4　本章小结

本章介绍了模仿学习的相关知识。针对游戏自动化测试，笔者介绍了一种一小时完成训练的模仿学习算法，该算法是基于纯图像训练，无须游戏内部接口，并能在 CPU 下实时运行。另外，笔者在尝试模仿学习的过程中遇到不少困难，这里给大家总结一下训练过程中可以采用的技巧。

1）人工录制游戏的时候预先设定好规则。比如枪战类游戏按照固定路线跑图、飞车和酷跑类游戏中避免多余的动作，通过这些手段能减小网络训练的难度，加快收敛速度。

2）网络结构很影响模型效果，就目前的经验而言，轻量化的残差网络在游戏 AI 的训练上能取得不错的效果。

3）采用 LSTM 架构去提取游戏的时序特征，输入可以为训练完毕的轻量化残差网络从多帧图像提取的全连接特征，输出为动作标签。

4）需要考虑实际游戏运行过程中的动作延迟。在训练模型时，需要将动作标签前移到对应延迟时间的帧上面。

5）由于人工录制游戏过程中，每一类动作对应的样本数量差别较大，需要对样本进行重新采样，使每一类样本数量超过一个阈值。阈值的设定比较依赖经验，一般设置为 20%。

6）增加重置机制。一旦 AI 进入录制期间没出现过的场景，卡在特定区域较长时间，则启动重置。在飞车类游戏中，重置操作为点击对应的重置按钮，让 AI 回到赛道的中心。在枪战游戏中，重置操作为执行一套预先定义好的动作序列，以尝试摆脱困境。

第 5 章

Android 设备调试

第 5 章介绍 Android 设备在调试过程中运用到的一些技术和工具。测试人员借助 Android 官方或第三方的调试工具，可以极大地提高测试效率。Android 调试桥 ADB 就是最常用的官方工具之一，利用调试桥可以实现很多自动化的命令，例如安装应用、拉起应用、获取日志等，以及支持扩展很多第三方工具。OpenSTF 发布的 minicap 和 minitouch 就是基于调试桥和 Android 底层接口实现的技术工具，分别提供了 Android 设备的实时截屏和触屏的交互技术，为 AI 接入提供了实时保障。Android 模拟器技术可以很方便地给 AI 提供一个稳定的交互环境，并且可以通过并行模拟器环境进行 AI 训练，分布式的 AI 算法可在提升训练速度的同时节省硬件成本。

这些内容之间联系不是非常紧密，读者可以有选择性地阅读自己感兴趣的部分。

5.1 Android 调试桥

Android 调试桥（Android Debug Bridge，ADB）是连接 Android 设备与 PC 端的桥梁，通过 ADB 可以管理、操作模拟器和设备，如安装软件、查看设备软硬件参数、系统升级、运行 shell 命令等。

ADB 包含在 Android SDK 平台工具软件包中。可以使用 SDK 管理器下载此软件包，管理器会将此软件包安装在 android_sdk/platform-tools/ 路径下。

5.1.1　adb 常用命令介绍

1. 命令语法

adb 命令的基本语法如下：

```
adb [-d|-e|-s <serialNumber>] <command>
```

如果只有一个设备 / 模拟器连接时，可以省略掉 [-d|-e|-s <serialNumber>] 这一部分，直接使用 adb <command>。如果有多个设备 / 模拟器连接，则需要为命令指定目标设备，参数说明如表 5-1 所示。

表 5-1　adb 命令参数说明

参　数	含　义
-d	指定当前唯一通过 USB 连接的 Android 设备为命令目标
-e	指定当前唯一运行的模拟器为命令目标
-s <serialNumber>	指定相应 serialNumber 号的设备 / 模拟器为命令目标

2. 查询设备

在发出 adb 命令之前，了解哪些设备实例已连接到 ADB 服务器。可以使用 devices 命令生成已连接设备的列表。

```
adb devices -l
```

作为回应，ADB 会针对每个设备输出下述状态信息。

1）序列号：由 adb 创建的字符串，用于通过端口号来唯一标识设备。下面是一个序列号示例：emulator-5554。

2）状态：设备的连接状态可为下列状态之一。

❑ offline：设备未连接到 ADB 或没有响应。

❑ device：设备已连接到 ADB 服务器。请注意，此状态并不表示 Android 系统已完全启动并可正常运行，因为在设备连接到 ADB 时系统仍在启动。不过，在启动后，这将是设备的正常运行状态。

❑ no device：未连接到设备。

3）说明：如果包含 –l 选项，devices 命令会告知设备是什么。如果连接了多个设备，此信息可帮助区分这些设备。

3. 启动 / 停止 adb server

启动 adb server 命令：一般无须手动执行此命令，在运行 adb 命令时若发现 adb server 没有启动，则会自动调起。

```
adb start-server
```

停止 adb server 命令：

```
adb kill-server
```

4. 安装 / 卸载 APK

安装 APK 命令：

```
adb install [-lrtsdg] <path_to_apk>
```

adb install 参数说明如表 5-2 所示。

表 5-2　adb install 参数说明

参　数	含　义
–l	将应用安装到保护目录 /mnt/asec
–r	允许覆盖安装
–t	允许安装 AndroidManifest.xml 里 application 指定 ?android:testOnly="true"? 的应用
–s	将应用安装到 sdcard
–d	允许降级覆盖安装
–g	授予所有运行时权限

卸载 APK 命令：

```
adb uninstall [-k] <packagename>
```

<packagename> 表示应用的包名；-k 参数可选，表示卸载应用但保留数据和缓存目录。

5. 拉取 / 推送文件

拉取设备的指定文件到本地的指定目录的命令：

```
adb pull <remote> [local]
```

推送本地的指定文件到设备的指定目录的命令：

```
adb push <local><remote>
```

6. 发出 shell 命令

无论是否进入 ADB 远程 Shell，都可以使用 shell 命令。在不进入远程 Shell 的情况下，使用如下 shell 命令发出单条命令：

```
adb [-d |-e | -s serial_number] shell shell_command
```

或者，在进入设备上的远程 Shell 的情况下，使用如下 Shell 命令：

```
adb [-d | -e | -s serial_number] shell
```

当准备退出远程 Shell 时，使用快捷键 "Ctrl + D" 或输入 "exit 命令"。

shell 命令的二进制文件存储在设备的文件系统中，其路径为 /system/bin/。

7. 查看应用列表

查看应用列表的基本命令格式：

```
adb shell pm list packages [-f] [-d] [-e] [-s] [-3] [-i] [-u] [--user USER_
    ID] [FILTER]
```

adb shell pm list packages 参数说明如表 5-3 所示。

表 5-3　adb shell pm list packages 参数说明

参　　数	含　　义
无	所有应用
-f	显示应用关联的 APK 文件
-d	只显示 disabled 的应用

（续）

参　数	含　义
-e	只显示 enabled 的应用
-s	只显示系统应用
-3	只显示第三方应用
-i	显示应用的 installer
-u	包含已卸载应用
FILTER	包名包含 <FILTER> 字符串

5.1.2　ADB 原理

ADB 是一种客户端—服务器程序，包括以下三个组件。

❑ 客户端：用于发送命令。客户端在开发计算机上运行，可以通过发出 adb 命令从命令行终端调用客户端。

❑ 守护进程（adbd）：在每个设备上作为后台进程运行。

❑ 服务器：管理客户端和守护进程之间的通信，在开发计算机上作为后台进程运行。

如图 5-1 所示，当启动某个 ADB 客户端时，客户端会先检查是否有 ADB 服务器进程正在运行。如果没有，它将启动服务器进程。服务器在启动后会与本地 TCP 端口 5037 绑定，并监听 ADB 客户端发出的命令——所有 ADB 客户端均通过端口 5037 与 ADB 服务器通信。

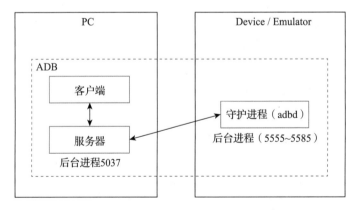

图 5-1　ADB 客户端 – 服务器结构模型

然后，服务器会与所有正在运行的设备建立连接。它通过扫描 5555 到 5585 之间（该范围供前 16 个模拟器使用）的奇数号端口查找模拟器。服务器一旦发现 adb 守护进程（adbd），便会与相应的端口建立连接。请注意，每个模拟器都使用一对按顺序排列的端口——用于对应控制台连接的偶数号端口和 ADB 连接的奇数号端口。例如：

模拟器 1，控制台：5554
模拟器 1，ADB：5555
模拟器 2，控制台：5556
模拟器 2，ADB：5557
依此类推……

如上所示，在端口 5555 处与 ADB 连接的模拟器与控制台监听端口为 5554 的模拟器是同一个。

服务器与所有设备均建立连接后，便可以使用 adb 命令访问这些设备。由服务器管理与设备的连接，并处理来自多个 ADB 客户端的命令，因此可以从任意 ADB 客户端（或从某个脚本）控制任意设备。

5.2　Android 实时截屏

5.2.1　minicap 介绍

minicap 提供了以套接字（Socket）接口的方式获取 Android 设备的实时截屏数据。minicap 可以很方便地用于其他程序来实时获得手机截屏，例如，minicap 被用在 OpenSTF 项目中。

minicap 是使用 NDK 开发的。minicap 提供的实时截图方案有以下特点。

❑ 流畅的帧率，但依赖于设备的性能。低端机型或者低版本的 Android 系统可以达到 10～20 FPS，高端机型和较新版本的 Android 系统通常可以达到 30～40 FPS，但有些例外。为了达到最大 FPS 的性能，minicap 推荐使用屏幕分辨率的一半作为截图分辨率。

❑ 较低的延迟，但依赖于编码性能和 USB 传输速度。minicap 输出的画面相比真实屏幕有数帧的延迟。

❑ 在 Android 4.2 版本以上，只有当屏幕画面有变化时，才会发送新的画面帧，节省带宽。

❑ 简单易用的套接字接口。

❑ minicap 无须 root，仅通过 ADB 即可工作，已测试能支持的 Android SDK 版本为 9（Android 2.3）到 26（Android O）。

5.2.2   minicap 使用

1. 获取设备版本

通过 ADB 获取手机架构和安卓版本。

```
ABI=$(adb shell getprop ro.product.cpu.abi | tr -d '\r')
SDK=$(adb shell getprop ro.build.version.sdk | tr -d '\r')
```

2. 推送程序到设备

推送（push）对应版本的 minicap 和对应版本、架构的 so 文件到手机 tmp 目录。

```
adb push libs/$ABI/minicap /data/local/tmp/
adb push jni/minicap-shared/aosp/libs/android-$SDK/$ABI/minicap.so /data/local/tmp/
```

3. 运行 minicap

运行 minicap –h 查看 usage。

```
adb shell LD_LIBRARY_PATH=/data/local/tmp /data/local/tmp/minicap -h
```

运行 minicap 测试程序。

```
adb shell LD_LIBRARY_PATH=/data/local/tmp /data/local/tmp/minicap -P
    1080x1920@1080x1920/0
```

上述命令中 -P 后面的参数格式和意义是：

```
{RealWidth}x{RealHeight}@{VirtualWidth}x{VirtualHeight}/{Orientation}
```

❏ RealWidth 和 RealHeight：想要截取的屏幕范围，最大为真实屏幕分辨率。

❏ VirtualWidth 和 VirtualHeight：想要输出的图片大小。

❏ Orientation：截取屏幕的手机旋转方向。

4. 转发端口

minicap 运行之后，会向手机的指定端口发送数据，为了获取这些数据，我们用 adb 转发该端口到 PC 机的端口。

```
adb forward tcp:1313 localabstract:minicap
```

5. 获取截屏图片数据

这样，我们就可以连接 localhost:1313 端口，解析 minicap 协议来获得实时截屏的数据。

6. minicap 数据协议格式

minicap 数据协议是一种非常简单的二进制协议，当你第一次连接端口时会收到一个全局头消息（Global Header），该消息只会出现一次，后续的消息都是帧消息（Frame）。minicap 全局头消息格式和帧消息格式分别如表 5-4 和表 5-5 所示。

表 5-4　minicap 全局头消息格式

字节	长度	数据类型	含　义
0	1	unsigned char	版本
1	1	unsigned char	头部长度
2-5	4	uint32 (low endian)	进程 pid
6-9	4	uint32 (low endian)	想要截取的屏幕宽度像素
10-13	4	uint32 (low endian)	想要截取的屏幕高度像素
14-17	4	uint32 (low endian)	截图帧宽度像素
18-21	4	uint32 (low endian)	截图帧高度像素
22	1	unsigned char	屏幕的手机旋转方向
23	1	unsigned char	杂项标志位

表 5-5　minicap 帧消息格式

字节	长度	数据类型	含义
0-3	4	uint32 (low endian)	帧字节长度（=n）
4-(n+4)	n	unsigned char[]	JPG 格式的帧数据

5.3　Android 模拟器

5.3.1　Android Emulator 介绍

Android Emulator 是 Android 官方提供的模拟器（如图 5-2 所示），可以模拟设备并将其显示在 PC 机上。利用该模拟器，可以对 Android 应用进行原型设计、开发和测试，而无须使用硬件设备。该模拟器支持 Android 手机、Android 平板电脑、Android Wear 和 Android TV 设备，并随附一些预定义的设备类型，便于用户快速上手，同时可以创建自己的设备定义和模拟器皮肤。

图 5-2　Android 模拟器界面

Android Emulator 运行速度快，功能强大且丰富。该模拟器传输信息的速度要比使用连接的硬件设备传输快，从而可以加快开发流程。多核特性让模拟器可以充分利用计算机上的多核处理器，进一步提升模拟器性能。

可以在运行 Android studio 项目时在模拟器上启动应用，也可以将一个或多个 APK 文件拖动到模拟器上进行应用安装，然后运行。与在硬件设备上一样，将应用安装到虚拟设备后，它将一直保持安装状态，直至将其卸载或替换。如果需要，模拟器可以测试多个应用彼此之间的协作方式。

1. 众多功能可以协助测试应用

与模拟器互动，就像与硬件设备互动一样，只需要使用鼠标与键盘、模拟器按钮和控件。模拟器支持虚拟硬件按钮和触摸屏，包括双指操作，以及方向键（D-pad）、轨迹球、方向轮和各种传感器。我们可以根据需要动态调整模拟器窗口大小、更改屏幕方向，甚至截图。

在模拟器上运行应用时，它可以使用 Android 平台的服务来调用其他应用、访问网络、播放音频和视频、接收音频输入、存储和检索数据、通知用户、渲染图像及转换主题。利用模拟器的控件，可以轻松发送来电和短信、指定设备的位置、模拟指纹扫描、指定网络速度和状态，以及模拟电池属性。模拟器可以模拟 SD 卡和内部数据存储，也可以对直接拖进来的文件（例如图形或数据文件）进行存储。

2. 在 Android Emulator 中运行应用

在 Android Studio 项目中运行应用，或者在模拟器上运行应用，就像在真实手机设备上一样。

在项目中启动模拟器并运行应用，需执行以下操作。

1）打开一个 Android Studio 项目并单击"Run"按钮，将显示"Select Deployment Target"对话框。

2）在"Select Deployment Target"对话框中，选择一个现有的模拟器定义，然后单击"OK"按钮。

如果未看到想要使用的定义，单击"Create New Emulator"以启动 AVD Manager。定义新的 AVD 后，在"Select Deployment Target"对话框中单击"OK"按钮。如果想要将此模拟器定义用作项目的默认设置，选择"Use same selection for future launches"，模拟器将启动并显示应用。

3）在模拟器中测试应用。

4）关闭模拟器，单击"Close"按钮。

模拟器会存储已安装的应用，因此，可以根据需要再次运行应用。要想移除应用，需要将其卸载。如果在相同的模拟器上重新运行项目，系统会使用新版本替换应用。

3. 在不运行应用的情况下启动 Android Emulator

启动模拟器，需执行以下操作。

1）打开"AVD Manager"。

2）双击"AVD"，或者单击"Run"按钮，将显示"Android Emulator"页面。

Android Emulator 是基于 QEMU 改写的。Android Emulator 在 QEMU 的基础上实现了电话通信（Telephony）、全球定位（GPS）等硬件的模拟。QEMU 本身是一个著名的开源模拟器项目，能够模拟多种架构的处理器、硬盘和网卡等。在性能上，如果模拟的是同构处理器，借助 KVM 技术能够实现接近主机的性能。由于 KVM 技术依赖于硬件的虚拟化支持，通常需要在 BIOS 里面开启 CPU 的 VT 技术。

Android 系统架构包含以下组件，如图 5-3 所示。

（1）应用框架

应用框架常被应用开发者使用。如果是硬件开发者，则应该了解开发者 API，因为很多此类 API 都会直接映射到底层 HAL 接口，并可提供与实现驱动程序相关的实用信息。

（2）Binder IPC

Binder 进程间通信（IPC）机制允许应用框架跨越进程边界并调用 Android 系统服务代码，从而使高级框架 API 能与 Android 系统服务交互。在应用框架级别，开发者无法看到此类通信的过程，但一切都会"按部就班地运行"。

图 5-3　Android 系统架构

（3）系统服务

系统服务是专注于特定功能的模块化组件，例如窗口管理器、搜索服务或通知管理器。应用框架 API 所提供的功能可与系统服务通信，从而访问底层硬件。Android系统包含两组服务："系统"（例如窗口管理器和通知管理器等服务）和"媒体"（与播放和录制媒体相关的服务）。

（4）硬件抽象层（HAL）

硬件抽象层（HAL）会定义一个标准接口来供硬件供应商实现，从而能让 Android

系统忽略较低级别的驱动程序实现。借助 HAL，可以顺利实现相关功能，但不会影响或更改更高级别的系统。HAL 实现会被封装成模块，并由 Android 系统适时地加载。

（5）Linux 内核

开发设备驱动程序与开发典型的 Linux 设备驱动程序类似。Android 系统使用的 Linux 内核版本包含几个特殊的补充功能，例如：Low Memory Killer（一种内存管理系统，可更主动地保留内存）、唤醒锁定（一种 PowerManager 系统服务）、Binder IPC 驱动程序以及对移动嵌入式平台来说非常重要的其他功能。这些补充功能主要用于增强系统功能，不会影响驱动程序开发。

Android 模拟器系统架构如图 5-4 所示。

从图 5-4 中可以看出，Android 模拟器是硬件级别的模拟，其完整运行了一个 Android 系统。

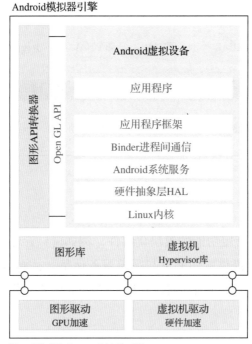

图 5-4　Android 模拟器系统架构

5.3.2　其他模拟器介绍

除了 Android 官方提供的 Android Emulator 之外，市面上还存在很多第三方的、开源和商业的 Android 模拟器产品。这些产品的对比如表 5-6 所示。

表 5-6　其他模拟器对比

序号	名　称	优　点	缺　点
1	Android-x86	开源项目 Android 版本很全、流畅	安装烦琐、横屏显示
2	Genymotion	最流畅的，安装便捷 Android 版本 / 机型很多	个人免费版 30 天 不支持 ARM，Android 4.x 可以刷 ARM 包
3	Android Visual Studio 模拟器	Hyper-V 加速 建议使用 Google 模拟器	要求 Windows 8 以上
4	其他国产模拟器	更适合玩游戏	一般是商业产品，不适合二次开发

5.4　本章小结

本章用简短的篇幅介绍了 Android 设备调试的基础知识，这些是 Android AI 自动化测试的基础，熟悉常用的 adb 命令可以帮助提高测试效率；Android 实时截屏技术（minicap）和模拟触屏技术（minitouch）为 AI 自动化游戏测试提供了实时交互的保障——minicap 获取设备屏幕截图（相当于 AI 用"眼睛"在观察应用画面），然后通过 minitouch 多点触控将 AI 决策输出作用到设备上（相当于 AI 用"手"在操作应用）。本章还介绍了 Android 模拟器技术，借助 Android 模拟器技术，可以很方便地给 AI 提供一个稳定的交互环境，并且可以通过并行模拟器环境进行 AI 训练，提高训练速度，节省硬件成本。

2

平 台 篇

自动化测试的好处显而易见，但自动化测试的投入成本大却是一个很大的障碍。为了在游戏测试中引入自动化测试，腾讯互娱 TuringLab 实验室平台通过接入腾讯公司运营期或测试期的商业游戏，不停地测试优化，最后推出 Game AI SDK 自动化测试平台。

平台篇主要讲解了如下几方面内容。

❑ 整个 AI 自动化测试平台已接入的游戏类型，平台自身的功能特性，平台的架构设计与流程。

❑ AI 自动化测试平台的搭建，包括 Windows 环境搭建和 Linux 环境搭建。

❑ AI 自动化测试平台工具 SDK Tool 的使用，包括用户使用 SDK Tool 进行图形图像标注、图形图像识别任务配置。

第 6 章

AI SDK 平台介绍

Game AI SDK 是腾讯互娱 TuringLab 实验室研发的首个开源项目，主要用于游戏 AI 自动化测试服务。它是第一个纯基于视觉识别的游戏 AI 训练和运行框架，支持接入不同类型的数据、图像或者接口，主要完成了游戏场景内物体识别、UI 状态识别、游戏 AI 算法实现等功能。

Game AI SDK 已成功应用在大量商业游戏的自动化测试上，支持的游戏类型如下。

- ❏ 射击类：穿越火线、王牌战士等
- ❏ MMO：寻仙、龙之谷等
- ❏ 消除类：天天爱消除、消除者联盟等
- ❏ 吃鸡：和平精英等
- ❏ 赛车：QQ 飞车等
- ❏ MOBA：王者荣耀等
- ❏ 格斗：魂武者、DNF 等
- ❏ 动作：魂斗罗等
- ❏ 卡牌：圣斗士星矢等
- ❏ 棋牌：天天德州等
- ❏ 跑酷：天天酷跑等
- ❏ 体育：最强 NBA 等

❏ 飞行射击：全民飞机大战等

此外，Game AI SDK 为 WeTest 云测试提供了相关游戏的后台 AI 服务支持。同时，SDK 包括 UI 自动化流程，可以用于搭建一个完整的游戏或者 App 自动化测试全流程服务。

6.1　Game AI SDK 平台功能

Game AI SDK 是一个平台工具系统，主要由 4 部分组成。

第一部分：AI SDK 平台，系统的核心功能都集成在这个平台。

第二部分：工具集（Tools），用户可以根据系统提供的 SDK Tool 进行 AI 相关配置操作，也可以根据需要自行开发需要的工具集成到工具集中。

第三部分：环境摸拟（EM），主要提供手机游戏的环境摸拟生成，用户可以通过配置快速生成游戏运行环境，这样在训练 DQN 等网络时能节省时间，大幅提高训练效率。

第四部分：系统提供的 AI 模板库，目前是按游戏类型来划分的，用户可以根据自己的需求配置使用现有的 AI 模板库，也可以在 AI 模板库新增自己需要的模板。

Game AI SDK 系统模块如图 6-1 所示。

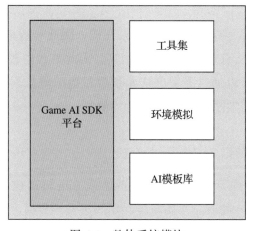

图 6-1　整体系统模块

1. UI 检测

UI 检测主要用于检测游戏 UI 图像中那些可以点击的区域，通过使用不同图像检测算法来满足不同游戏 UI 检测的需求。目的是通过点击 UI 按钮，测试响应情况，确保用户快速开始游戏场景对局。UI 检测也可以用于游戏的 UI 自动循环游戏对局测试。

2. 游戏内元素识别

游戏 AI 算法的输入为游戏中图像识别的结果，所以平台提供各种图像识别算法（详细算法介绍参见第 3 章）来进行游戏内元素的识别，如游戏中的各种"血条"数据、子弹数、速度、得分、成绩等数字，及各种敌人、怪物等移动物体，以及门窗、树木等固定物体的识别。对于图像识别得到的结果，用户需要注意的是：目前的图像识别结果还不能做到 100% 的准确，所以在设计游戏 AI 算法时，需要考虑到这个因素。

3. AI 算法

平台现内置 DQN 算法和 IM 算法，用户可以根据自己项目的需要，通过配置就可以使用。当然，用户也可以自己加入新的算法或者修改优化平台内置的 DQN 算法和 IM 算法，从而更好地为自己的项目服务。

4. "吃鸡"类游戏自动跑图

现在流行的"吃鸡"类游戏，要求多人在线，因此一般地图都会设计得比较大。人工跑图测试一张地图所有位置，成本会很高，因此平台内置了"吃鸡"类游戏的自动跑图 AI 算法，用户可以通过配置低成本地进行地图覆盖测试或者指定路线的特定要求测试。比如使用固定路线进行游戏的性能测试。

5. 游戏 Bug 自动检测

游戏的 Bug 种类千差万别，平台提供的游戏 Bug 自动检测功能是基于图像算法的，因此和图像相关的一些 Bug，如花屏、贴图丢失、穿模、显示在小地图外等从图像上能识别的 Bug 可用该算法解决。其他与游戏玩法相关，需要计算或者包含业务逻辑的 Bug，平台暂时没有提供。

6.2　Game AI SDK 平台架构设计

Game AI SDK 平台核心部分的架构如图 6-2 所示。

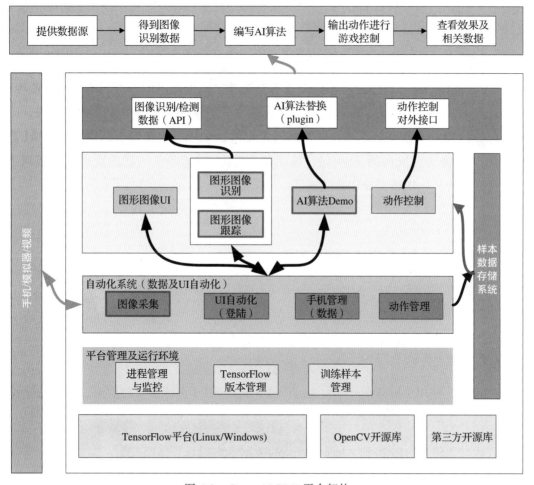

图 6-2　Game AI SDK 平台架构

Game AI SDK 底层使用的是 TensorFlow 平台、OpenCV 开源库和第三方开源库，在此基础上开发自动化系统、图形图像 UI 模块、图形图像识别模块、AI 算法模块等核心功能模块。

- ❑ 自动化系统：主要负责数据接入部分，如果是截图，则进行图像采集；如果是通过 API 传输数据，则进行通信连接。同时，负责将 AI 的动作输出传到手机上执行。
- ❑ 图形图像 UI 模块：负责游戏 UI 的识别与处理。
- ❑ 图形图像识别模块：包括平台所有的图形图像识别算法，负责游戏内所有的图形图像识别，并将识别结果传到 AI 算法模块。
- ❑ AI 算法模块：接收识别结果数据或者直接接收 API 输入数据，根据 AI 网络输出数个（0 个到几个）可能的动作，传回到自动化系统。

Game AI SDK 平台通过自动化系统得到数据（如果是图像，得到的是手机截屏；如果是接口 API，则直接得到 API 提供的数据），把这部分数据输入图形图像模块，图形图像模块接收到数据后，通过配置好的识别算法识别，再把识别结果输入到 AI 算法模块，AI 算法模块根据 AI 网络，输出数个（0 个到几个）可能的动作，传回到手机去执行，这样一次数据处理就完成了。

6.3　Game AI SDK 平台流程

6.3.1　AI 算法流程

用户的输入数据有两种方式。

方式一，使用手机截图。平台通过图像识别得到 AI 训练需要的数据，然后进行 AI 训练。

方式二，使用 API 得到 AI 训练需要的数据，然后进行 AI 训练。

方式一优点是具有很好的通用性，不需要对游戏项目做任何的额外改动；缺点是图像识别结果不一定完全准确。

方式二缺点是需要提供数据 API，因此需要投入额外的开发工作；优点是数据是完全准确的，用户可以根据项目需要进行适当的选择。

整个 AI 算法流程如图 6-3 所示。

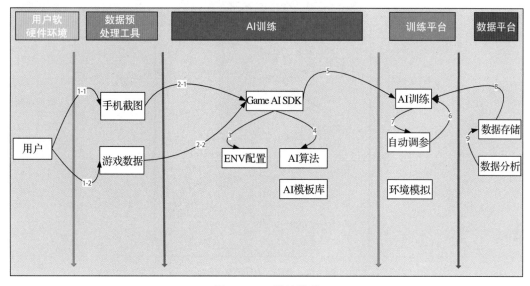

图 6-3　AI 算法流程

Step1：用户通过数据预处理工具输入数据（手机截图或游戏数据）。

Step2：Game AI SDK 读取任务配置与 AI 算法配置。

Step3：通过环境摸拟平台或在线直接进行 AI 训练。

Step4：将游戏数据存储到数据平台，方便下次训练或者数据分析时使用（此步骤可选）。

6.3.2　图像识别任务流程

Game AI SDK 平台的核心之一就是图像识别任务，在配置图像识别任务之前，如果此任务需要提前标注样本（如需要使用 YOLO 算法），则需要进行数据预处理。可以使用平台提供的 SDK Tool 进行样本标注，也可以使用如 LabeImage 软件进行样本标注。样本标注完成后，就可以使用平台提供的 SDK Tool 进行任务配置（详细操作请参见第 3 章）。任务配置完成之后，就可以开始识别训练（如果需要进行训练的话）或直接进行识别。

图像识别任务流程如图 6-4 所示。

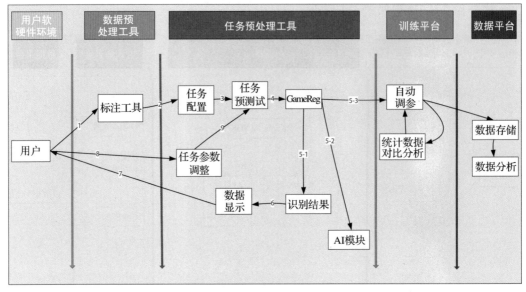

图 6-4　图像识别任务流程

Step1：用户使用标注工具进行样本标注（识别算法需要标注样本才进行此步骤）。

Step2：在 SDK Tool 中进行任务配置。

Step3：开始任务预测试，在图像识别模块中进行图像识别。

Step4：如果用户只需要做图像识别，则直接将识别结果返回给用户。

Step5：如果用户需要 AI 模块，则将识别结果输入到 AI 模块。

Step6：用户如果觉得任务参数（包括图像识别算法参数）需要调整，则重新调整任务参数，然后继续进行任务预测试（Step3），直到用户认为图像识别效果达到要求为止。

6.4　Game AI SDK 平台模块结构

6.4.1　图像识别模块

图像识别模块的输入为图像帧数据，输出为图像识别得到的结果数据。在图像识别模块内部，底层使用的是 TensorFlow 平台和 OpenCV 开源库。在此基础上，图像识别模块封装了一些常用的识别算法（如 YOLO、模板匹配、像素检测、特征点匹配等），用户可以直接通过配置使用这些算法，也可根据需要修改或者直接加入新的识别算法。

　　根据游戏本身的特点和需求，平台在通用层封装了一些游戏中常用的识别算法，如游戏中常见的数字、按钮、血条等识别算法，用户可以直接使用，只需要在 SDK Tool 工具里面配置即可。

　　图像识别本身的计算量会根据图像大小成倍增加，为提高识别的性能，保证游戏的响应时间，图像识别模块中使用了多线程来提高图像识别性能。用户可以根据机器的性能及对响应时间的要求，灵活配置多线程的数量。

　　图像识别模块如图 6-5 所示。

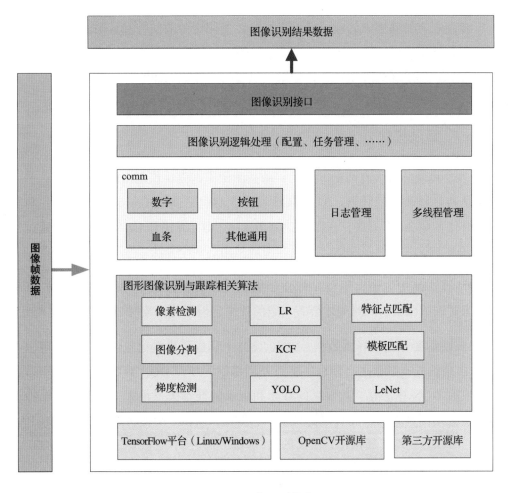

图 6-5　图像识别模块

❑ 图形图像识别与跟踪相关算法模块：封装一些图形图像识别算法，包括一些常用的图形图像识别算法，如像素检测、特征点匹配，梯度检测等，以及一些基于机器学习的识别算法，如 YOLO、LeNet 等。

❑ comm 模块：封装了一些游戏里经常用到的识别类型，如数字类型：游戏中的分数、速度、距离、子弹数等；血条类型：游戏中角色的血量、怪物的血量、Boss 的血量等。

❑ 日志管理模块：系统日志管理模块，输出错误信息及程序运行信息，方便用户查看程序运行状态。

❑ 多线程管理模块：因为图形图像识别的计算量会比较大，在复杂的识别任务或者高响应时间要求的应用场景下，可以使用更多的线程进行图像识别，而多线程管理模块可以很方便地设置多线程的运行数量。

❑ 图像识别逻辑处理模块：处理用户配置的图像识别任务。

6.4.2　AI 算法模块

AI 算法模块的输入有两种方式：一种是图像识别模块识别出的结果数据；另一种是直接从接口接收到的数据。AI 算法模块的底层也是使用 TensorFlow 平台，与手机相关的操作使用 ADB 模块，在此基础上内置了 DQN 算法和 IM 算法。用户通过修改 AI 算法的配置文件及算法参数，可以方便地使用这两个算法。

DQN 算法使用方便，不需要标注数据，可以直接接入游戏环境进行线上训练，特点是需要训练比较长的时间才会有一定的效果，但泛化性相对 IM 算法来说要好些。

IM 算法需要先记录样本数据（SDK Tool 中集成了样本记录功能，用户可以直接使用），再根据样本数据进行训练，特点是训练时间相对 DQN 算法来说会短很多，但泛化性没有 DQN 算法好。其效果的好坏和记录的样本关系很大。用户可根据项目需求来选择使用哪种算法，或者自己开发新的算法。Game AI SDK 提供了相关的 AI 算法接口，可以方便地扩展用户自定义的 AI 算法。

BeTree 是行为树，用户可以根据项目业务需求自行定义相关的行为规则，控制 AI 的输出。

业务逻辑层主要用于编写具体的游戏业务相关的处理规则，比如用户需要进行动作过滤，可以在此编写相关的过滤规则，控制 AI 的输出以满足游戏业务测试的需求。

AI 算法模块如图 6-6 所示。

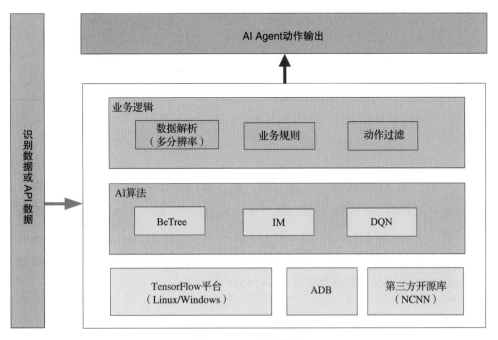

图 6-6　AI 算法模块

6.5　本章小结

本章主要介绍了 Game AI SDK 平台的核心功能、平台的架构设计、两个核心流程（AI 算法流程和图形图像识别任务流程），以及两个核心模块结构，方便用户在后面章节的学习中，有一个整体的了解与把握。

第 7 章

AI SDK 自动化测试平台搭建

第 6 章我们对 AI SDK 平台功能特性、整体架构以及主要模块进行了介绍。本章将带领读者一起搭建 AI SDK 平台，运行平台内自带的 Demo。AI SDK 平台既可以在 Ubuntu（建议 16.04 版本）上运行，也可以在 Windows 上运行，读者可选择性地阅读自己感兴趣的部分。同时，AI SDK 附带一个 Demo，在搭建好平台后，通过运行平台自带的 Demo 可以更好地帮助读者了解 AI SDK 的功能。

7.1 Windows 环境搭建

AI SDK 内包含 C++ 的工程文件，用户可自行编译，生成 UI 模块、图像识别模块的可执行文件。其他模块使用 Python 语言编写。平台内置文件 requirements.txt，记录了 Python 进程的依赖包，方便读者部署环境。

7.1.1 创建虚拟环境

读者的计算机上可能已经装有 Python 以及相关的库。为了使环境之间相互独立，建议大家为 AI SDK 建立虚拟环境，以保证工程之间相互隔离。在虚拟环境下，每一个工程都有自己的依赖包，而与其他工程无关。在一台机器上，虚拟环境的数量是没有限制的，我们可以轻松地用 Virtualenv 或者其他工具来创建多个虚拟环境。

```
# 安装 virtualenv
pip3 install virtualenv
# 创建虚拟环境
virtualenv -p {python 路径 } { 虚拟环境名称 }
# 进入虚拟环境
{ 虚拟环境名称 }/Scripts/activate
```

7.1.2　安装 AI SDK

安装好虚拟环境后，接下来在此虚拟环境中下载安装 AI SDK。

Step1：下载 SDK 工具包。

Step2：下载完成后解压，解压后的 AI SDK 的主要目录结构如下。

```
|-----game_ai_sdk
|-----|-----bin-----------------------AI SDK 的主要执行脚本，可执行文件
|-----|-----cfg-----------------------AI SDK 的配置文件
|-----|-----data----------------------AI SDK 的模型权重文件，以及加载的图片资源
|-----|-----log----------------------- 存放 AI SDK 运行时的日志
|-----|-----tools--------------------- 存放 AI SDK 各类工具
|-----|-----requirements.txt----------- 记录 AI SDK 运行所需要的 Python 依赖包
```

Step3：安装 Python 依赖项。

在上述 AI SDK 目录结构中，requirements.txt 列出了 AI SDK 所需要的 Python 依赖项，执行安装指令后，pip 会自动下载安装对应的依赖项。

```
pip install -r requirements.txt
```

7.1.3　安装 SDK Tool

AI SDK 还附带了 SDK Tool，方便读者配置与具体游戏相关的配置文件。本节将介绍 SDK Tool 的依赖项安装。后续小节会详细介绍 SDK Tool 工具的使用方法。

（1）安装 Python 3.6.2

SDK Tool 是基于 Python 3.6.2 开发的，建议用户安装对应版本号的 Python。

（2）安装依赖项

SDK Tool 主要基于 PyQt5 做图形显示，基于 OpenCV 做图像处理，同时在调试时，需要跟其他进程进行通信。通信数据的打包、解包采用 Google Protocol Buffer。所有的依赖项已写入 requirements.txt。如已执行 7.1.2 节的 Step3，说明已安装依赖项；否则，执行 7.1.2 节的 Step3 安装依赖项。

7.1.4　安装 AI Client

AI SDK 需要从手机端获取游戏画面，同时把 AI 的输出动作作用于手机端，这部分的实现是 AI Client 模块，其交互过程如图 7-1 所示。本节主要介绍 AI Client 的依赖 ADB 以及 Python 和 Python 第三方依赖的安装。ADB（Android Debug Bridge）用于用户通过电脑端与模拟器或者真实设备交互。AI Client 模块通过 ADB 获取手机的实时画面。首先，我们需要下载并安装 Android ADB 工具集。

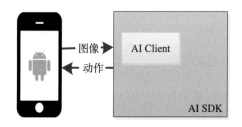

图 7-1　AI Client 交互

（1）下载并安装 Android ADB 工具集

ADB 工具下载链接为 https://developer.android.com/studio/releases/platform-tools，注意应下载对应的 Windows 版本，如图 7-2 所示。

选择对应 Windows 操作系统的版本，下载后将其解压到本地 D 盘，并将其路径（如 :D:\platform-tools_r29.0.1-windows\platform-tools）加入 Path 环境变量。

（2）安装 Python 和 Python 第三方依赖

```
pip install -r requirements.txt
```

下载

如果你是 Android 开发者，则应从 Android Studio 的 SDK Manager 或 sdkmanager 命令行工具获取最新的 SDK Platform-Tools。这样可确保这些工具能够与其他 Android SDK 工具一起保存到正确的位置，并可轻松地进行更新。

但是，如果你只想使用这些命令行工具，请访问以下链接：

- 下载适用于 Windows 的 SDK Platform-Tools

- 下载适用于 Mac 的 SDK Platform-Tools

- 下载适用于 Linux 的 SDK Platform-Tools

虽然这些链接不会发生变化，但它们始终指向最新版本的工具。

图 7-2　ADB 下载图示

7.2　Linux 环境搭建

在 7.1 节，我们和读者一起搭建了 AI SDK 的 Windows 版本环境，这一节，我们将介绍如何进行 Linux(主要为 Ubuntu) 环境搭建。AI SDK 环境主要依赖 OpenCV 3.4.2 (图像处理)、Protobuf 3.2.0 (各进程之间的数据存储协议)、Android ADB (与手机交互的工具)、Nvidia CUDA 9.0 (CUDA:ComputeUnified Device Architecture 显卡厂商 NVIDIA 推出的运算平台)、cuDNN 7.0 (深度神经网络的 GPU 加速库) 等。在 Linux 环境下，我们需要安装如下依赖项。

1. 安装相关依赖

```
sudo apt-get update
sudo apt-get -y --fix-broken install
sudo apt-get install build-essential cmake libgtk2.0-dev pkg-config python-
    dev python-numpy python3-numpy python-tk python3-tk libavcodec-
    dev libavformat-dev libswscale-dev autoconf automake libtool
    libgstreamer0.10-dev libgstreamer-plugins-base0.10-dev dos2unix
    libboost-dev libboost-thread-dev zlib1g-dev libjpeg-dev libwebp-dev
    libpng12-dev libtiff5-dev libjasper-dev libopenexr-dev libgdal-dev
    libdc1394-22-dev libtheora-dev libvorbis-dev libxvidcore-dev libx264-dev
    yasm libopencore-amrnb-dev libopencore-amrwb-dev libv4l-dev libxine2-dev
    libtbb-dev libeigen3-dev python3-pip python3-dev
```

2. 安装 Nvdia CUDA 9.0（根据 GPU 版本需要，可选择执行）

这里使用 CUDA 9.0 的 deb 文件进行安装，因为 CUDA 自带了显卡驱动，会自动安装显卡驱动，不需要单独安装显卡驱动。用户需要到 Nvidia 官网下载 CUDA 9.0 的 deb 安装文件，同时关闭与 Nvidia 内核不兼容的 nouveau。

```
sudo vim /etc/modprobe.d/blacklist-nouveau.conf
```

在文件中写入：

```
blacklist nouveau
blacklist lbm-nouveau
options nouveau modeset=0
alias nouveau off
alias lbm-nouveau off
```

接着依次执行以下命令。

```
echo options nouveau modeset=0 | sudo tee -a /etc/modprobe.d/nouveau-kms.conf
sudo update-initramfs -u
sudo reboot
```

3. 安装 CUDA

cd 进入 cuda .deb 安装位置：

```
sudo dpkg -i cuda-repo-ubuntu1604-9-0-local_9.0.176-1_amd64.deb
sudo apt-key add /var/cuda-repo-9-0-local/7fa2af80.pub
sudo apt-get update
sudo apt-get install cuda
```

安装完毕后，打开 home 目录下 .bashrc 文件，将 cuda 路径写入环境变量。在 .bashrc 文件中写入：

```
export PATH=$PATH:/usr/local/cuda/bin
export LD_LIBRARY_PATH=:/usr/local/cuda/lib64
执行 source .bashrc 命令加载环境变量
```

验证 CUDA 是否安装成功。

```
cd /usr/local/cuda/samples/1_Utilities/deviceQuery
sudo make
sudo ./deviceQuery
```

运行测试代码，如果找到 GPU，则表明安装成功。

如果提示找不到 CUDA 的 so 库，可能是没有重新加载环境变量，可以退出后重新进入，执行 sudo ldconfig。

4. 安装 cuDNN 7.0（根据 GPU 版本需要，可选择执行）

注册 Nvidia 的开发账号，下载 cuDNN 7.0。下载完成后，执行以下命令：

```
tar -zxf cudnn-9.0-linux-x64-v7.tgz
cd cuda
sudo cp lib64/* /usr/local/cuda/lib64/
sudo cp include/cudnn.h /usr/local/cuda/include/
```

执行 tar，解压 cudnn 包时如果有错误，可以忽略，只要需要的文件解压出来就可以。

5. 安装 OpenCV 3.4.2

访问 https://opencv.org/releases/page/2/ 地址，下载 Linux 版本的 OpenCV 3.4.2，在 Linux 下需要下载 Sources 版。

cd 到下载目录。

```
unzip opencv-3.4.2.zip
cd opencv-3.4.2
mkdir release
cd release
cmake -D CMAKE_BUILD_TYPE=RELEASE -D CMAKE_INSTALL_PREFIX=/usr/local ..
sudo make install
sudo ldconfig
```

注意，在安装完 CUDA 后再进行 OpenCV 的编译安装，这样编译出来的 OpenCV 库可实现 GPU 加速。

6. 安装 Protobuf 3.2.0

下载 Protobuf 3.2.0 安装包，下载链接为 https://github.com/protocolbuffers/protobuf/releases/tag/v3.2.0。

```
tar -zxvf protobuf-cpp-3.2.0.tar.gz
```

```
cd protobuf-3.2.0/
./autogen.sh
./configure
make
make check
sudo make install
sudo ldconfig
```

如果遇到问题：/autogen.sh: 40: autoreconf: not found，解决办法如下。

```
sudo apt-get install autoconf automake libtool
```

7. 安装 Android ADB 工具集

ADB 工具下载链接为 https://developer.android.com/studio/releases/platform-tools。

选择对应操作系统的版本，下载后将其解压，得到 adb 可执行文件，将其路径加入 Path 环境变量，或者将其复制至系统的可执行路径（如 /usr/bin）。

8. 安装 Python 3 虚拟环境及 Python 3 依赖

如果 pip3 版本号小于 9.0.3，需要升级 pip3 版本。

```
sudo pip3 install --upgrade pip
```

安装 Python 3 虚拟环境。

```
sudo pip install virtualenv
sudo pip install virtualenvwrapper
```

编辑 ~/.bashrc，添加以下内容。

```
export VIRTUALENV_USE_DISTRIBUTE=1
export WORKON_HOME=~/.virtualenvs
export VIRTUALENVWRAPPER_PYTHON=/usr/bin/python3
source /usr/local/bin/virtualenvwrapper.sh
export PIP_VIRTUALENV_BASE=$WORKON_HOME
export PIP_RESPECT_VIRTUALENV=true
```

使环境变量立即生效。

```
source ~/.bashrc
```

创建 Python 3 虚拟环境（命名为 game_ai_sdk）并进入虚拟环境：

```
mkvirtualenv game_ai_sdk
workon game_ai_sdk
```

在 Python 3 虚拟环境，安装 Python 3 依赖。

找到 AI SDK 根目录下的 requirements.txt。

```
pip install -r requirements.txt
```

9. 编译

编译依赖文件：进入 AISDK/build 目录，执行以下命令，会在 AISDK/bin 目录下生成三个 so 文件，分别是 libtbus.so、libjsoncpp.so、tbus.cpython-35m-x86_64-linux-gnu.so。

```
./build_modules.sh  {GPU|CPU}
```

编译 AI SDK：进入 build 目录，执行以下命令，编译 SDK（GPU 版本或 CPU 版本）。

```
./build.sh  {GPU|CPU}  OPENCV_3
```

7.3　如何运行 AI SDK

通过以上两个小节，我们已经搭建好了 AI SDK 的环境。本节将简要介绍 AI SDK 的运行过程。

7.3.1　安装 APK

1. 连接手机

通过 USB 连接计算机和手机，进入"手机设置"→"系统"→"开发人员选项"，打开"开发人员选项"→"USB 调试"→"USB 调试（安全设置）"→"显示点按操作反馈"（此操作以 VIVO X9plus 为例，不同手机的界面可能不一样，具体步骤可按自己的机型进行调整），确保以上操作完成以后，将手机通过 USB 连接到计算机，可能会在手机上有两个弹窗，一直点击"确定"就可以。在终端输入命令：adb devices，如果结果如图 7-3 所示，说明已经正常连接；如果看不到手机序列号，或者结果显示如图 7-4 所示（unauthorized），说明可能需要手机多连接几次计算机，或者找到"开发人员选项"中的"撤销 USB 调试授权"撤销授权，再尝试连接。

```
test@         -LC2:~$ adb devices
List of devices attached
cdcfb867          device
```

图 7-3　正常连接图示

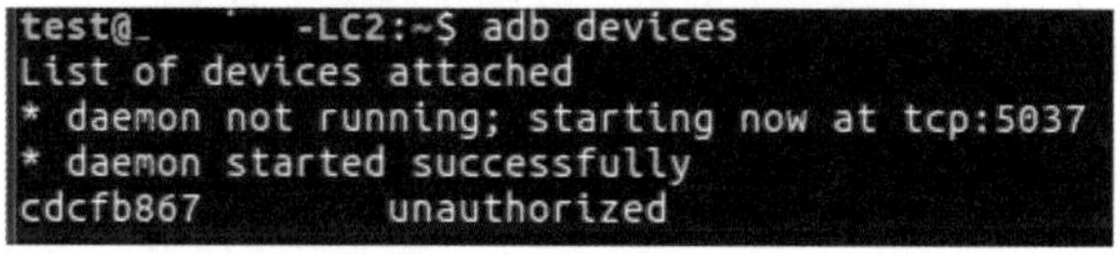

```
test@         -LC2:~$ adb devices
List of devices attached
* daemon not running; starting now at tcp:5037
* daemon started successfully
cdcfb867          unauthorized
```

图 7-4　未连接图示

2. 安装 APK

下载并安装游戏包。如果游戏包下载到 PC 端，需要在终端进入游戏包存放的目录，执行如下命令。

```
adb install base.apk
```

3. 进入游戏

平台内置了 AI SDK 的 UI 配置，需要进入游戏界面后，才能开始 UI 识别。

7.3.2　游戏配置说明

如果只是想运行游戏，对配置参数不关心，读者可以略过本小节。AI SDK 提供了驱动游戏运行的整体框架，但不同游戏中所需要识别的游戏元素、点击的按钮图标，以及要点击按钮的位置是不同的。用户可根据具体游戏的需求，设置相关的参数。平台和具体游戏相关的配置文件主要是 UI 配置文件、识别任务配置文件和游戏 AI 的相关配置文件。

1. UI 配置

在运行示例中，UI 相对比较简单，只有两种状态，如图 7-5 所示。在打开游戏后，进入 UI 状态 1。UI 模块识别到当前的游戏界面属于状态 1 后，会根据状态 1 的配置

动作，单击"开始游戏"。UI 状态 2 是一局游戏结束后的界面。类似地，UI 模块识别
到当前的游戏界面为 UI 状态 2 后，会单击"再来一局"。

a) UI 状态 1　　　　　　　　　　　　　b) UI 状态 2

图 7-5　UI 状态

2. 识别任务配置

在 AI SDK 中，从逻辑上讲，我们把游戏分为"局外"和"局内"两种状态："局
外"状态是指游戏对战之外的状态，"局内"状态是指需要玩家对战的游戏状态。上
文介绍的 UI 配置对应的 UI 识别模块主要负责"局外"的界面识别。识别任务模块主
要负责"局内"的游戏元素识别。例如，AI 模块需要知道当前游戏界面有没有"跳跃"
键，如图 7-6 所示，所以在识别任务配置中，需要配置"跳跃"键的识别。"跳跃"键
的识别类型为"fixe obj"。这种类型的任务需要设置模板图像和检测区域。

图 7-6　"跳跃"键识别任务

3. 游戏 AI 相关配置

游戏 AI 采用了模仿学习算法。模仿学习需要先录制样本，再根据样本训练网络模型。AI SDK 附带了样本录制工具 ActionSampler（tools 目录下）。下面将介绍内置 AI 的样本录制和模仿学习网络训练的过程。

（1）样本录制

进入 SDK 下 tools/SDKTool 目录，运行 python main.py，运行结果如图 7-7 所示，然后在 key 窗口中右击选择"新建项目"，输入项目名称后，选择图片配置文件夹。

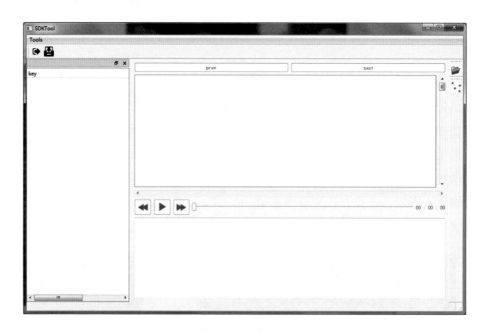

图 7-7　工具页面

动作配置文件用于模仿学习录制样本，具体操作：在版本 v1.0 上右击，选择"添加动作配置根目录"，如图 7-8、图 7-9 所示。

添加完动作配置根目录后，接下来添加动作配置，添加一个动作就是添加一个 element 项，在 ActionSampleRoot 上右击，选择"添加动作配置"，详见图 7-10、图 7-11、图 7-12、图 7-13。

图 7-8　添加动作配置根目录

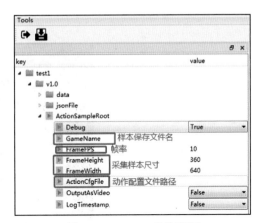

图 7-9　cfg.json 参数详解

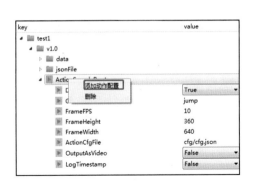

图 7-10　添加动作配置

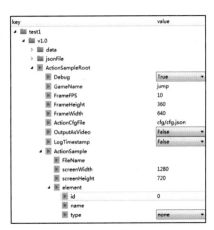

图 7-11　动作配置详情

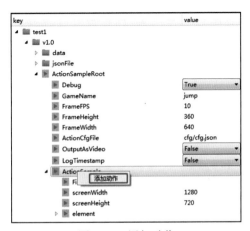

图 7-12　添加动作

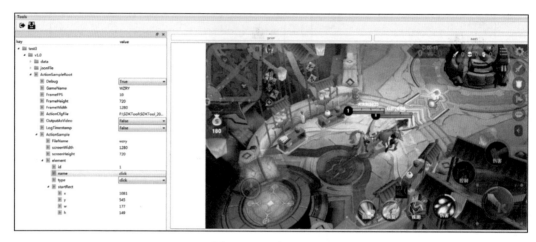

图 7-13　生成 element

　　动作配置完成后，在"｛项目名称｝\v1.0\jsonFile\actionSample"下找到配置文件 cfg.json、{GameName}.json，如图 7-14 所示，将这两个配置文件复制到"SDKTool\bin\ActionSampler\cfg"目录下。

名称	修改日期	类型	大小
cfg.json	2020/1/20 14:55	JSON 文件	1 KB
jump.json	2020/1/20 14:55	JSON 文件	1 KB

SDKTool_2020.1.8 ▸ project ▸ test3 ▸ v1.0 ▸ jsonFile ▸ actionSample

图 7-14　配置文件

配置文件 cfg.json 内容如下。

```
{
    "Debug": true,
    "GameName": "wzry", #样本保存 SDK Tool/bin\ActionSampler\output\ {GameName} 中
    "FrameFPS": 10, # 采集帧率
    "FrameHeight": 360,#图像高度（单位：像素）
    "FrameWidth": 640,#图像宽度（单位：像素）
    "ActionCfgFile": "cfg/wzry.json",# wzry.json 文件的路径
    "OutputAsVideo": false,
    "LogTimestamp": false
}
```

配置文件 jump.json 内容如下。

```
{
    "screenWidth":1280,
    "screenHeight":720,
    "actions":[
        {
            "id":1,
            "name":"click",
            "type":3,
            "startRectx":1081,
            "startRecty":545,
            "width":177,
            "height":149
        }
    ]
}
```

　　所有配置文件准备好后，开始采集动作。首先将手机连接到电脑，然后点击菜单 "Tools → actionSample → start"，如图 7-15 所示。当工具的显示框中出现手机画面时，采用类似四指截屏（四根手指同时按住手机）的操作开始录制样本，当看到窗口左上角的数字开始变动时，说明已经在采集动作，如图 7-16 所示。当一局游戏动作采集完成后，四指同时点击屏幕，停止采集动作。当游戏的所有动作都采集完成后，点击菜单 "Tools → actionSample → end"，结束动作采集。为了保证训练效果，通常录制游戏局内时间需要达到 30 分钟。手动录制游戏时，用户可按正常的方式操作游戏；录制结束后，可手动删除在局外的场景图片。

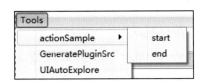

图 7-15　点击开始采集动作

　　采集的数据可以在路径 "SDKTool\bin\ActionSampler\output\{FileName}" 下的文件夹中查看，如图 7-17 所示。进入存放图片的文件夹后，我们可以看到采集的图片，以及记录的动作的文件，如图 7-18 所示。

图 7-16 采集动作窗口

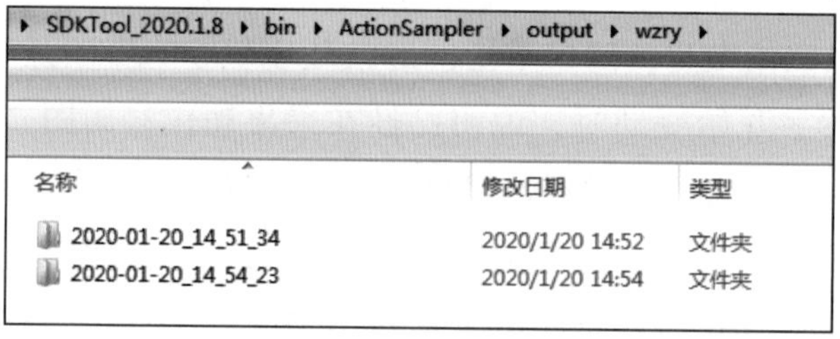

图 7-17 存放采集结果文件夹

样本录制结束后，将存放采集结果的文件夹分别放入配置文件 ImitationLearning.json（配置文件所在路径为：{ 游戏配置文件夹名称 }/cfg/task/agent/ImitationLearning.json）所指示的样本文件路径 " trainDataDir"（{ 游戏配置文件夹名称 }/output/train) 和 "testDataDir"（{ 游戏配置文件夹名称 }/output/valid)，放置比例为 6∶1。

（2）开始训练

训练代码如下。

```
export AI_SDK_PATH={path to game} # 设置环境变量为 Jump 文件（Linux 示例，Windows 中
    需要把 AI_SDK_PATH 加入环境变量中）
python3 agentai.py --mode=train # 开始训练的命令
```

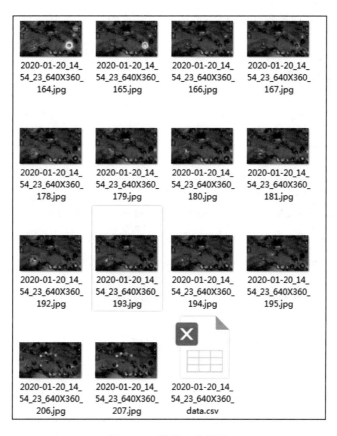

图 7-18　结果表和图片

模型训练结束后，在文件路径 {path to game}/model 下保存权重文件。

7.3.3　启动服务

1. 拉起

在终端进入 AI SDK 的 bin 目录，进入虚拟环境，拉起 AI SDK。命令如下。

```
./start_ui_ai.sh # Linux 环境
./start_ui_ai.bat # Windows 环境
```

在上述命令中，四个进程是以后台进程的方式运行的，运行日志记录在 log 目录下，子目录 Agent 下，GameReg、IOService、ManageCenter、UIRecognize 分别对应相应进程的日志目录。如果需要在运行的时候，观察每个进程的日志输出，也可以单独拉起每个进程，相应的日志会打印在屏幕上，同时也会输出到日志文件中。

```
python3 io_service.py
python3 agentai.py
python3 manage_center.py --runType=UI+AI      # 如果只运行 ai, 不需要加 --runType=UI+AI
GameReg.exe
UIRecognize.exe                               # 如果只运行 ai, 不需要执行该命令
```

2. 拉起 AI Client

Step1：将 aiclient/cfg/network_comm_cfg/communication_cfg.ini 中的"service"改为 2，表示服务端启动模式为：UI 结合 AI（service 为 1 时，表示不启动 UI，只启动 AI）。

Step2：更改 aiclient/cfg/ device_cfg/ device.ini 中的配置。

❑ Long_edge：若修改 Long_edge 的参数为 640，表示在进程中传递的图像分辨率中较长的边为 640 像素。

❑ is_portrait：表示游戏画面是横屏还是竖屏。

❑ show_raw_screen：表示是否在电脑中显示手机画面，0 表示不显示，1 表示显示。

❑ foregroundwin_only：表示只捕获窗口图像还是捕获整个屏幕的图像，如果只捕获窗口图像，则 foregroundwin_only=1，并且 win_names 参数要填写窗口名称；如果捕获整个屏幕图像，则 foregroundwin_only=0，不用填写 win_names 参数。

❑ win_names：窗口名称，多个窗口名称间用"|"隔开。

Step3：拉起。在终端进入 phone_aiclient 目录下，执行以下命令，拉起 AI Client。命令如下：

```
python3 demo.py
```

游戏运行流程如图 7-19 所示，其中，UIRecognize 识别当前游戏画面并和游戏开始画面进行匹配，判断当前是否为"游戏开始"。若当前为"游戏开始"状态，则开始给 GameReg 进程发图；GameReg 进程通过识别游戏局内某一特定的图标，判断当前是否已经"进入游戏局内"；若已"进入游戏局内"则通知 AI 进程，由 AI 进程完成各种动作，如点击空白区域、控制人物跳跃等。

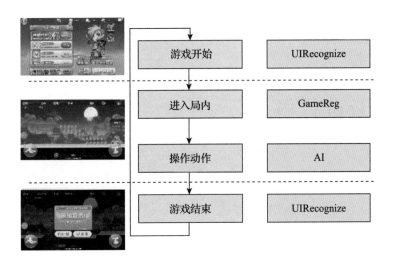

图 7-19　游戏运行流程

7.4　本章小结

　　本章我们搭建了 AI SDK，并通过运行一个简单的游戏，了解了 AI SDK 的运行过程。同时，基于该游戏介绍了它的配置文件和模仿学习的训练过程。感兴趣的读者可在搭建的基础开发环境上进行后续操作。

第 8 章

AI SDK Tool 详解

如何接入一个新的项目呢？首先用户需要生成和游戏相关的配置文件，如控制游戏运行流程的 UI 界面（UI 配置），以及进入游戏场景后，AI 所需要识别的游戏场景元素（场景识别配置）等。工具包 AI SDK Tool 可以协助用户生成这些配置文件。

AI SDK Tool 的主界面如图 8-1 所示。

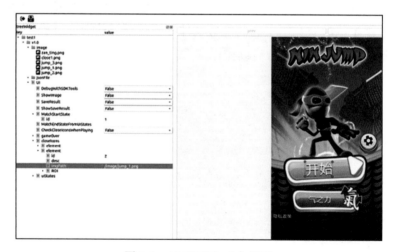

图 8-1　AI SDK Tool 主界面

8.1　配置项目

AI SDK Tool 可以为游戏创建一个配置项目，其中包含所有可能的配置项，也可以导入已有的项目，对已有项目的配置项进行修改。本节将介绍如何安装 AI SDK Tool 工具，以及基于这个工具如何去创建配置项或是加载已有配置项。

8.1.1 安装

AI SDK Tool 主要依赖项有 Python3.6、OpenCV3、pyQt5。AI SDK Tool 是基于 Python3.6 实现的，图像处理是基于 OpenCV3 库实现的，界面识别主要是基于 pyQt5 实现的。本节将介绍工具主要环境依赖项的安装。

1.Windows 环境

Step1：安装 Python。

进入 Python 官网 https://www.python.org/downloads/，选择 Python 3.6.2 版本的安装包进行安装。

Step2：安装依赖项。

安装 Virtualenv：

```
pip install virtualenv
```

Step3：创建虚拟环境并安装依赖项。

```
virtualenv env
env\Scripts\activate            // 进入虚拟环境
pip install -r requirements.txt
python main.py                  // 启动 SDKTool
```

2. Ubuntu 环境

Step1：安装 Virtualenv。

```
pip install virtualenv              // 如果权限不够，则加上 sudo
```

Step2：创建虚拟环境并安装依赖项。

```
cd SDKTool
virtualenv -p /usr/bin/python3 env
```

```
source env/bin/activate              // 进入虚拟环境
pip install -r requirements.txt
python main.py
```

8.1.2　配置项目

运行 python main.py，启动进程后，进入主界面，在左侧栏内，点击右键，选择"新建项目"或"导入项目"。流程如图 8-2 所示。第一次生成游戏配置文件，需要选择"新建项目"。如果之前已有配置项，需要更改之前的配置参数，可选择"导入项目"。下面介绍"新建项目"和"导入项目"的主要步骤。

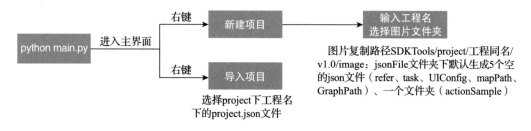

图 8-2　主流程

1. 新建项目

在选择样本图像进行标记的过程中，建议使用 1280 × 720 分辨率的样本图像。"新建项目"的流程如下。

Step1：新建项目。

在左侧栏内，点击右键，选择"新建项目"，并输入工程名，如图 8-3 所示。

图 8-3　新建项目

Step2：选择样本文件夹。

把需要标注的样本图像放在一个文件夹下。AI SDK Tool 会把该文件夹下所有图片或子文件另存到 SDKTool/project/cjzc（工程名）/v1.0（版本号）/data/ 下，如图 8-4 所示。

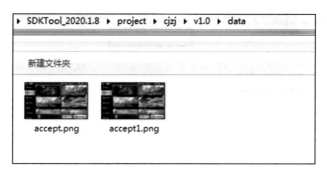

图 8-4　选择样本文件夹

Step3：生成工程目录树。

一个工程项目可能会有多个迭代版本，AI SDK Tool 支持同时配置多个版本。图 8-5 中的 v1.0 表示工程版本号。data 文件夹下存放的是样本图像。jsonFile 文件夹下存放的是所有的配置文件，如地图路径配置文件 mapPath.json、识别任务配置文件 task.json、识别任务的参考文件 refer.json、UI 配置文件 UIConfig.json、动作配置文件 actionSample。

2. 导入项目

"导入项目"流程如下。

Step1：点击右键，选择"导入项目"。

Step2：选择 SDKTool/project/ 工程名下的 project.json 文件，如图 8-6 所示。

图 8-7 为根据 project.json 文件生成的工程目录树。图中"cjzc"节点为工程名；"v1.0"节点为配置版本号；"data"节点保存了配置项所需要的图像

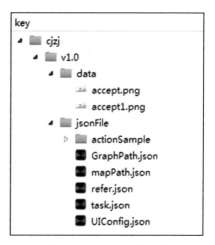

图 8-5　生成工程目录树

文件，"jsonFile"节点保存了所有的 json 格式的配置文件；"scene"节点为游戏中的识别任务配置项；"UI"节点为游戏局外 UI 的配置项。"scene"和"UI"这两种配置是用户最常用的配置，在 8.2 节和 8.3 节将详细介绍。

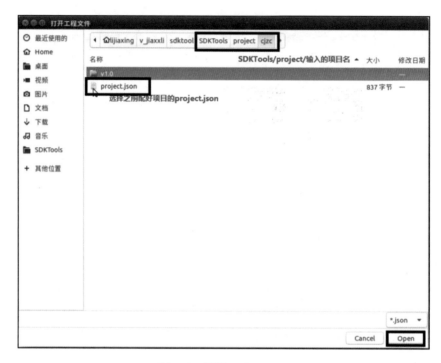

图 8-6　打开 project.json

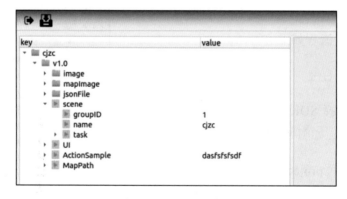

图 8-7　导入项目演示

8.2　标注 GameReg 任务

在 AI SDK 中，根据具体游戏 AI 的设计需求，设置需要从游戏界面中获取的识别信息，识别部分由 GameReg 模块实现。每个识别任务称为"task"，不同类型的识别任务所需要的参数不同，用户可以基于 AI SDK Tool 去配置这些识别任务的参数。本节主要介绍标注识别任务的步骤。

Step1：添加场景。

右击版本号"v1.0"，选择"添加场景"，输入场景名，默认会生成三项：groupID（默认值为 1）、name（场景名）和 task（识别任务）。场景主要由多个 task 组成，每个 task 是一项单独的识别任务。

Step2：添加任务（task）。

用户可以先修改默认生成的任务，如果需要添加任务，在"scene"上单击右键，选择"添加任务"，输入任务名，创建新任务，如图 8-8 所示。

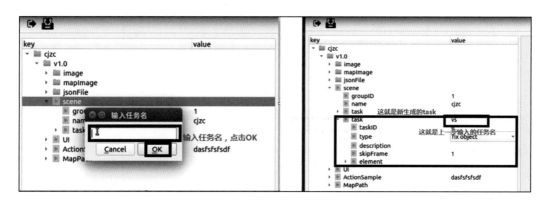

图 8-8　添加任务

具体的 task 文件参数说明如表 8-1 所示。

Step3：添加任务元素（element）。

一个"task"可能会包含多个元素（element），如"胜利""失败"可看作"游戏结束"的两个元素。工具生成的"task"默认包含一个元素，如果用户需要多个元素，可以在"task"上单击右键，选择"添加任务元素"，如图 8-9 所示。

表 8-1　task 文件参数说明

Key	描　述
taskID	默认从 1 开始依次增加，可以修改，不可以重复
type	识别类型： fix object：固定物体检测 pixel：基于像素的检测 stuck：卡住检测 deform object：形变物体检测 number：数字检测 fix blood：位置固定血条检测 deform blood：位置不固定血条检测
description	描述（选填项）
element	识别元素（根据 type 的选择，会生成不同的识别元素）

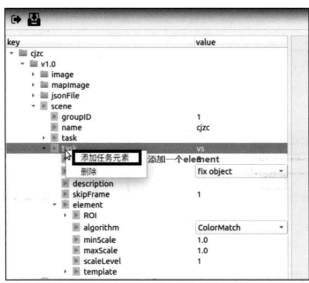

图 8-9　添加任务元素

element 生成演示如图 8-10 所示。

图 8-10　element 生成演示

element 参数说明如表 8-2 所示。

表 8-2　element 参数说明

Key	描　　述
ROI	游戏识别区域，在游戏页面上长按鼠标左键拖出一个矩形，释放鼠标左键，会在 ROI 中记录距页面左上角的 x、y 值和矩形宽 w 与高 h（单位：px）
algorithm	算法。选择的"type"不同，算法不同，有默认值
minScale	显示图像的最小缩放比例，因为可能要做多分辨率处理，所以需要将模板进行缩放，默认值为 1.0，不进行处理
maxScale	显示图像的最大缩放比例，默认值为 1.0，不进行处理
scaleLevel	模板在做 minScale、maxScale 处理时，分多少个级别进行，默认值为 1.0
template	模板图像配置。首先选择一张图片，然后画出模板区域，调整阈值。阈值默认为 0.8，阈值越高越难匹配。可以添加多个模板，在 element 上单击右键"添加模板"。注：task 的 type 等于 number 时，默认会生成 10 个模板，需要自己添加数字 0~9 的图片
condition	每个通道的像素值范围，如："R < 100, G > 100, 90 < B < 130"，表示过滤 R（Red）通道灰度值小于 100 且 G（Green）通道灰度值大于 100 且 B（Blue）通道灰度值在 90 到 130 之间的所有像素值
filterSize	形态学滤波器大小（整型）

（续）

Key	描　　述
maxPointNum	返回的最大像素点个数
maxBBoxNum	返回识别框的最大个数
threshold	阈值，0～1 之间，默认值为 0.8，值越大越难识别
cfgPath	检测网络的 cfg 文件路径
weightPath	检测网络的权重文件路径
namePath	类别名字文件路径
maskPath	掩膜图片路径
bloodLength	血条的长度（单位：px）

Step4：添加参考（refer）任务。

refer 任务用来推测 Step3 中设置的识别任务在未知分辨率下的位置参数和游戏元素的尺度变化。在需要添加 refer 的 element 上单击右键，选择"添加参考任务"，就会在 element 下生成 refer 项，如图 8-11 所示。参考任务的 taskID 的默认命名规则为识别任务的 taskID × 10000 再加上当前 element 的索引值（索引值对用户不可见，内部进行维护），如图 8-12 所示。

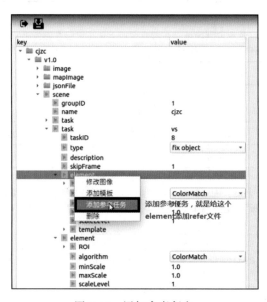

图 8-11　添加参考任务

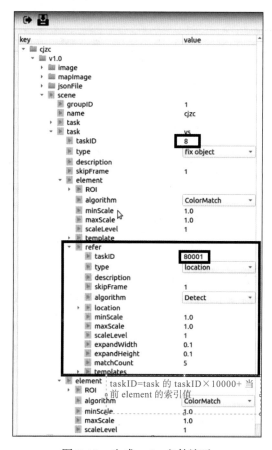

图 8-12　生成 refer 文件演示

refer 任务参数说明如表 8-3 所示。

表 8-3　refer 任务参数说明

Key	描　　述
taskID	默认等于识别任务的 task ID×10000 加上当前 element 的索引值
type	location：多分辨率情况下推测检测区域和尺度变化 Bloodlengthreg：多分辨率情况下血条长度识别
description	描述（选填）
algorithm	选择的算法： "Detect" 适用于静态物体 "Infer" 适用于动态物体
templateLocation	匹配位置，表示为 (x, y, w, h)

（续）

Key	描　　述
minScale	最小尺度，默认值为 1.0
maxScale	最大尺度，默认值为 1.0
scaleLevel	尺度等级，默认值为 1
expandWidth	扩展宽度比例，默认值为 0.1
expandHeight	扩展高度比例，默认值为 0.1
matchCount	匹配次数，默认值为 5
condition	每个通道的像素值范围
templates	• 模板路径：path • 匹配阈值：threshold

配置完成后，在目录 SDKTool/project/gameName/v1.0/jsonFile 下生成文件 task.
json 和 refer.json。用户需要把这两个文件复制到 $AI_SDK_PATH/cfg/task/gameReg
或 game_ai_sdk/cfg/task/gameReg 目录下，同时需要把样本图像目录 SDKTool/project/
ActionCfg/v1.0/data 复制到工程目录 $AI_SDK_PATH 或 game_ai_sdk 目录下。

8.3　标注 UIRecognize 任务

AI 如果能自动化运行，需要自动识别"进入游戏""选择场景"等一系列的交
互操作图像。每一个交互操作图像，称为一个 UI 状态。在获取游戏实时图像后，
UIRecognize 需要识别这些 UI 状态。用户可基于 AI SDK Tool 去配置 UI 状态的任务。
配置的主要步骤如下所示。

Step1：添加 UI。
右击版本号"v1.0"，选择"添加 UI"，输入场景名，默认生成一些配置。配置参
数说明如表 8-4 所示。

GameOver、CloseIcons、UIStates 都是配置元素，每个 element 就是一个动作。

Step2：添加元素（element）。
添加元素首先需要确定配置元素的类型，比如配置一个 GameOver 的元素

（element），要先将光标移到 GameOver 上，然后单击右键，选择"添加元素"，即可添加一个 GameOver 的 element，如图 8-13 所示。

表 8-4　UI 配置参数说明

Key	描　述
MatchStartState	UIStates 里匹配"游戏开始"的 id
CheckCloseIconsWhenPlaying	是否在游戏中检查"CloseIcons"（true：检查；false：不检查）
GameOver	用于配置"游戏结束"的画面，如胜利或失败
CloseIcons	用于配置某些多次弹出的重复的图标，比如某些广告界面。很多广告内容不一致，但关闭图标都是一样的，我们就可以把关闭图标配置为 CloseIcons。CloseIcons 会在全图去寻找关闭图标
UIStates	用于配置进入游戏的流程，如挑选模式、开始游戏等
devicesCloseIcon	用于配置系统或设置 UI，当检查完 CloseIcons 后，会检查此类 UI 项

图 8-13　添加元素

UI 元素参数说明如表 8-5 所示。

表 8-5　UI 元素参数说明

Key	描　述
id	用作标志，不能重复
action_type	动作类型分为"click"（点击动作）、"drag"（滑动动作）
desc	描述（选填）
imgpath	用作模板的图像的路径
ROI	模板图像的标志区域。在右侧的图像上长按左键拉一个框然后释放，ROI 会记录距左上角的 x、y，区域的宽 w 与高 h
shift	搜索区域等于 ROI 值加上 shift 值，默认值为 20

（续）

Key	描　述
action	Click：点击动作；drag、dragcheck：滑动动作；script：绑定脚本
	点击：记录在图像上点击位置的坐标点 滑动：记录滑动的起始点和终止点 绑定脚本：在脚本中定义 UI 的动作，可用于在一张图像上完成多次点击操作
template	是否使用模板匹配，0 表示不使用模板匹配，1 表示使用模板匹配
keypoints	至少匹配到的特征点个数，默认值为 100
templateThreshold	模板的识别阈值，阈值越大越难识别，反之则更容易识别
actionThreshold	动作阈值，值越大越难识别
actionTmplExpdWPixel	动作模板横向扩展，单位：px
actionTmplExpdHPixel	动作模板竖向扩展，单位：px
actionROIExpdWRatio	动作检测区域横向扩展
actionROIExpdHRatio	动作检测区域竖向扩展
checkSameFrameCnt	过滤相同帧的帧数，表示识别到相同帧多少次后才执行 UI 动作

配置完成后，生成文件 SDKTool/project/gameName/v1.0/jsonFile/UIConfig.json。用户需要把该文件复制到 $AI_SDK_PATH/cfg/task/ui 或 game_ai_sdk/cfg/task/ui 目录下，同时需要把样本图像目录 SDKTool/project/ActionCfg/v1.0/data 复制到工程目录 $AI_SDK_PATH 或 game_ai_sdk 目录下。

8.4　调试

AI SDK Tool 可单独调试 GameReg、UIRecognize 的图像识别效果，协助用户在正式接入 AI SDK 之前，查看在当前参数下算法的运行效果，并支持实时调整参数。

8.4.1　AI SDK Tool 和 GameReg 之间的调试

Step1：修改配置文件。
修改配置文件 SDKTools/cfg/SDKTool.ini 中的参数。
Debug 项下的 flag 设置为 True，表示开启调试。Debug 设置为 GameReg，表示调试 GameReg 进程。Configure 项下的 path 表示 AISDK 的 bin 目录路径。如果调试的模式为 video，则 videoPath 需填写调试视频路径；如果调试的模式为 image，则 imagePath 需填写调试图片或调试图片文件夹路径。

Step2：运行。

单击"调试"按钮，进行调试，程序会将 task 文件和 refer 文件复制到 $AI_SDK_PATH 或者 sdk 下的 cfg/task/ 中，并改名为 task_SDKTool.json 和 refer_SDKTool.json。

工具中会显示视频的播放结果，如果对某一视频帧存在疑问，可以点击工具中视频下方的按钮，暂停视频播放。

8.4.2　AI SDK Tool 和 UIRecognize 之间的调试

Step1：修改配置文件 SDKTool/cfg/SDKTool.ini。

Debug 项下的 flag 设置为 True，表示开启调试。Debug 设置为 UI，表示调试 UI。mode 表示调试模式，选择用手机或视频模式。Configure 项下的 path 表示 AI SDK 的 bin 目录路径。如果调试模式 mode 为 video，则 videoPath 需要填写调试视频路径；如果调试模式选择 image，则 imagePath 需填写调试图片或调试图片文件夹路径。

```
[debug]
flag=True
debug=UI
;GameReg or UI
mode=phone
;video or phone

[configure]
path=D:\GitRepo\game_ai_sdk\bin
videoPath=D:\sdk_cfg\1560910445_ui.avi

[phone]
common_tool=0
log_path=./log
log_level=LOG_INFO
```

```
;LOG_DEBUG, LOG_INFO, LOG_WARN, LOG_ERROR
serial=
is_portrait=False
long_edge=1280
```

Step2：设置系统变量 AI_SDK_PATH。

AI_SDK_PATH 指向 cfg、data 文件夹所在路径。

❑ Windows 下配置环境变量。

Windows 环境变量的配置如图 8-14 所示。

❑ Linux 下配置环境变量。

在命令窗口中输入："export AI_SDK_PATH={配置文件路径}"，如以下命令。

```
export AI_SDK_PATH=/home/SDK/PVP_test
```

Step3：导入项目，详见 8.1.2 节中的"导入项目"介绍。

Step4：计算机连接手机，进入游戏，然后单击"调试"按钮，开始调试。如果选择手机调试模式，需要连接手机；否则为视频、图片调试模式，如图 8-15 所示。

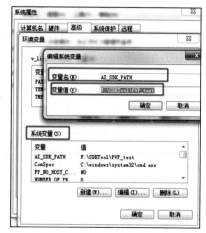

图 8-14　windwos 环境变量的配置

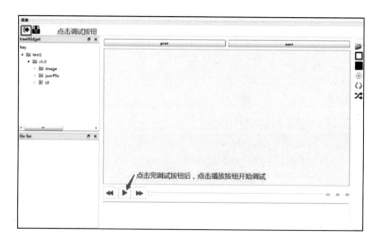

图 8-15　调试 UI

8.5　AI SDK Tool 的其他功能

AI SDK Tool 还有些其他功能，如添加动作配置或通过标注地图设定玩家的行走路线。相应的配置文件也是存放在 SDKTool/project/{gameName}/v1.0/jsonFile 目录下。

8.5.1　添加动作配置

如果选择模仿学习算法作为 AI 算法，需要先录制训练模仿学习网络的样本图像。AI SDK 内置了动作采集工具，可用于采集模仿学习训练样本。AI SDK Tool 可添加生成动作采集工具的配置文件。在版本号" v1.0"上单击右键，选择"添加动作配置根目录"。在"ActionSampleRoot"上点击右键，选择"添加动作配置"。"动作配置项"的参数如下。

1）screenWidth：图像宽度。

2）screenHeight：图像高度。

3）element：每个动作配置项。

每一个动作对应一个 element，在" ActionSample"上点击右键，选择"添加动作"，可添加新的动作。element 的主要参数有如下几个。

1）type：动作类型，现有 5 种类型，分别是 none、down、up、click、swipe。

　　none：在某个区域没有动作。

　　down：触点按下去的动作。

　　up：触点弹起，释放某个区域点下去的触点。

　　click：down+up，一次点击操作。

　　swipe：滑动，从某个区域滑到另一个区域。

2）startRect：对某个区域内发生的定义的动作，进行记录。区域定义为 x、y、w、h，即区域距左上角的横坐标、纵坐标及区域的宽与高。

3）endRect：记录从 startRect 到 endRect 的滑动动作，只有 swipe 动作才有。

8.5.2 添加地图路线

在版本号"v1.0"上单击右键，选择"添加地图路线"，然后双击"MapGraph-Path"，选择有地图图片的文件夹，将文件夹复制到 SDKTools/project/cjzc（工程名）/v1.0（版本号）/mapImage/ 文件夹下。右击配置图片，选择"添加路线类型"在弹框中输入路径类型，点击"OK"按钮。再右击"路径类型"，选择"添加路线"，点击刚添加的路线，在配置图片上标注地图路径，如图 8-16 所示。

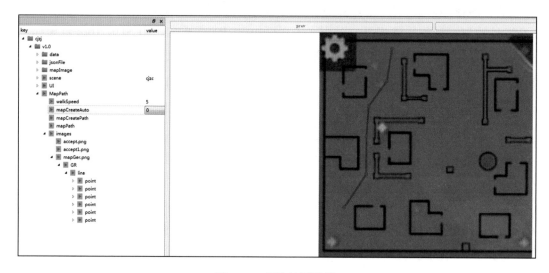

图 8-16　标注地图路线

地图路线配置参数如表 8-6 所示。

表 8-6　地图路线配置参数

Key	描　述
walkSpeed	移动速度，默认为 5
mapCreateAuto	是否自动采集地图
mapCreatePath	采集地图的存放位置
mapPath	地图位置
images	导入文件夹下所有图片的名称

8.5.3　图结构路径配置

用户可以基于 AI SDK Tool 预先设置地图中的图结构路径，标记好哪些位置是连通的，可以组成路径。然后，设计 AI 算法选择不同的线路行走。图结构路径是针对一张地图画多条路径，画地图时，先画点，画完点后，单击"esc"键，然后连线。具体主要步骤如下所示。

Step1：右击版本号"v1.0"，选择"添加图结构路径"，并从弹窗中选择地图，然后单击"打开"按钮，如图 8-17 所示。

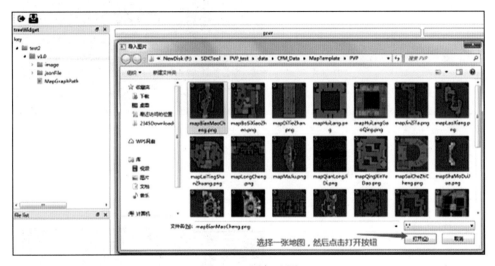

图 8-17　添加地图

Step2：右击"MapGraphPath"，选择"添加路径点"，如图 8-18 所示。

图 8-18　添加路径点

Step3：双击"MapGraphPath"，在界面右侧显示的地图上描点，如图 8-19 所示。

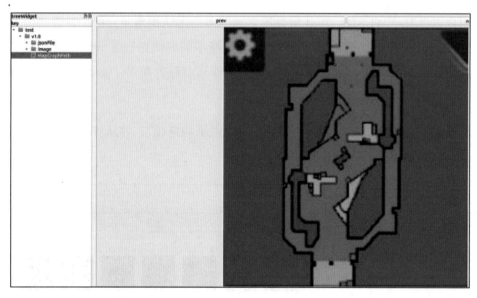

图 8-19　描点

Step4：单击"esc"键后，点击要连线的点，进行连线，如图 8-20 所示。

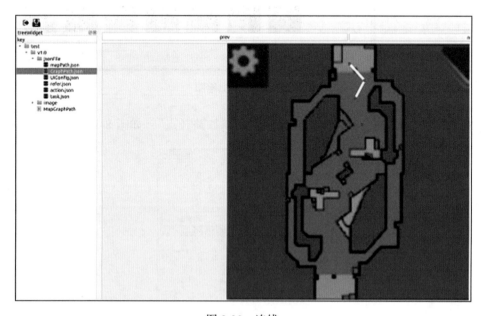

图 8-20　连线

Step5：单击"保存"按钮，保存图结构路径文件 GraphPath.json。

8.6　本章小结

基于 AI SDK Tool，用户可配置和具体游戏相关的配置文件。本章主要介绍了和场景内物体识别进程相关的任务识别配置文件、游戏相关的 UI 配置文件，以及 AD SDK Tool 如何与 GameReg、UIRecognize 进行调试。此外，AI SDK Tool 还有其他功能，如动作配置、地图路线配置、图结构路径配置等。基于界面化的工具配置，用户可以方便地生成平台所需要的配置文件，方便后续 AI SDK 的运行。

第 9 章

图像类接入 Game AI SDK 平台

本章以一个赛车类手游（后文简称 FGame）为例讲解图像类手游接入 Game AI SDK 的步骤和测试案例。

针对动作类型的游戏 AI 方案，本章介绍以下几种算法供读者学习。

（1）基于 AI 规则的实现方法

主流的图像识别算法存在一定程度的误差，特别是对于小目标图像的识别。针对 FGame，由于赛车位置、赛道弧度的识别都存在误差，因此基于此信息做出的决策也存在误差，进而导致编写的 AI 规则也存在较大误差，最终导致 AI 效果较差。此外，对于赛道比较复杂的情况，如涉及赛道的宽度、弧度、连续弯道等，编写 AI 规则的难度也较大。

（2）基于 DQN 强化学习算法

该算法需要手工构建奖励函数，随后不断与环境进行交互，得到状态、动作和奖励的样本集合，目标函数为最大化游戏的奖励。该方案能得到较好的赛车类游戏 AI，但存在耗时过长、人工定义奖励函数成本过高等问题。

（3）基于小地图的模仿学习算法

该算法将小地图作为深度网络的输入，将游戏的动作标签作为输出，由于小地图中的特征较为明显，通过结构较简单的网络也能得到较好的抽象特征（这在飞车类游戏中得到了验证）。相比基于 DQN 强化学习算法，该算法能加快游戏 AI 的训练；相比基于完整游戏画面的模型学习算法，该算法更能抓住游戏画面中的重要特征。

本章我们以 FGame 游戏为例，应用上述方案 3——基于小地图的模仿学习算法进行讲解。

9.1 通过 SDK Tool 生成平台所需数据

9.1.1 生成 UI 配置文件

1. UI 配置

打开 SDK Tool 并新建项目后，选择版本号 v1.0，右击选择"添加 UI"，如图 9-1 所示。

添加完 UI，生成树状结果，如图 9-2 所示。

图 9-1　添加 UI

图 9-2　UI 树状结果

然后，分别右击树状结果图中的 gameOver、closeIcons、devicescloseIcons、uiStates，分别选择添加元素。以 uiStates 为例，图 9-3、图 9-4、图 9-5 依次为选择添加元素、

选择 "actionType"（类型），以及选择 "template"（模板数量）。

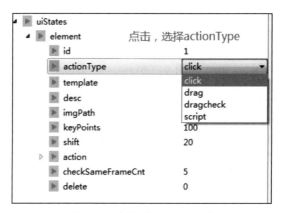

图 9-3　选择 "添加元素"

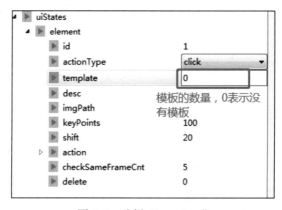

图 9-4　选择 "actionType"

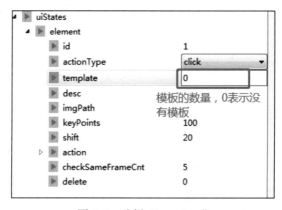

图 9-5　选择 "template"

双击"element"，或者双击"imgPath"，然后从弹窗中选择要配置的图片，如图 9-6 和图 9-7 所示。

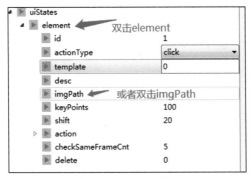

图 9-6　选择配置图片

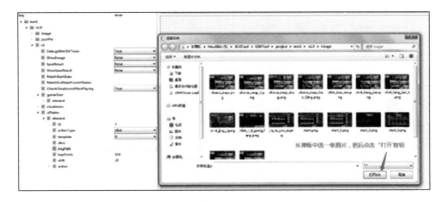

图 9-7　弹窗中选择配置的图片

然后，选择图片配置的位置，如图 9-8 所示。

图 9-8　选择图片配置的位置

2. UI 调试

配置完 UI 后，可以使用 SDK Tool 调试配置的 UI。首先修改配置文件 " SDKTool/cfg/SDKTool.ini"，如图 9-9 和图 9-10 所示。

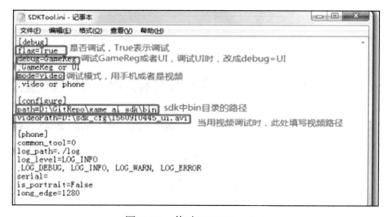

图 9-9　打开 SDKTool.ini

图 9-10　修改 SDKTool.ini

设置系统变量 AI_SDK_PATH（AI_SDK_PATH 指向 cfg、data 文件夹所在路径），然后导入项目，连接手机，进入游戏，点击"调试"按钮，开始调试，如图 9-11 和图 9-12 所示。如果是视频调试，则不用连接手机。

9.1.2　生成模仿学习样本

SDK Tool 内置的模仿学习样本采集工具可以帮助测试人员快速生成模仿学习样本。样本采集工具的使用流程如图 9-13 所示。

图 9-11　调试 UI

图 9-12　调试效果

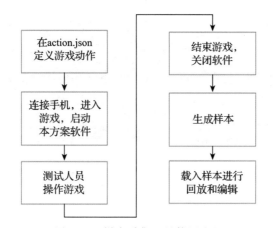

图 9-13　样本采集工具使用流程

在采集动作之前，需要对游戏的可操作动作进行定义。动作定义以 json 文件格式保存。以 FGame 为例，模仿学习需要学习的动作包括：无操作、向右移动、向左移动、蹲下、跳跃。其动作定义文件如图 9-14 所示。

```json
{
    "screenHeight": 720,
    "screenWidth": 1280,
    "actions": [
        {
            "startRectx": 30,
            "startRecty": 444,
            "width": 178,
            "height": 234,
            "type": 3,
            "id": 0,
            "name": "left"
        },
        {
            "startRectx": 242,
            "startRecty": 444,
            "width": 178,
            "height": 239,
            "type": 3,
            "id": 1,
            "name": "right"
        },
        {
            "type": 0,
            "id": 2,
            "name": "None"
        }
    ]
}
```

图 9-14　FGame 动作定义文件

定义好动作后，修改配置文件 cfg.json，如图 9-15 所示。

```json
{
    "Debug": true,          调试开关
    "GameName": "QQFeiche", 游戏名
    "FrameFPS": 10,         样本图片帧率
    "FrameHeight": 360,     样本图片分辨率
    "FrameWidth": 640,
    "ActionCfgFile": "cfg/action_QQFeiche.json", 动作定义文件路径
    "OutputAsVideo": false  是否以视频形式输出
}
```

图 9-15　修改配置文件

测试人员操作游戏步骤如下。

Step1：启动脚本 python3 main.py。

Step2：启动后，测试人员开始进入游戏，使用四指同时按住屏幕触发样本采集，游戏画面和动作会在后台同步记录。当测试人员结束一局游戏后，四指同时按住屏幕或者关闭软件便可得到生成的样本。

在 Debug 模式下，可以看到图 9-16 所示界面，绿色方框是定义的动作，红色方框为被采集到的动作，方便测试人员观察。

图 9-16　FGame 动作采集

样本生成路径：" output/{GameName}/{ 开始日期时间 }/"。生成的样本分为两部分：游戏画面帧和每帧对应的动作。

每帧对应的动作以 csv 文件格式保存，每行文件内容为每帧对应的动作，第一列为游戏画面帧图片的文件名，第二列为动作 ID，第三列为动作名称，如图 9-17 所示。

游戏画面帧以帧序号标记，可以保存为图片或者视频（固定帧率）。以 FGame 为例，图 9-18 所示为一帧游戏画面保存为图片格式，名称为"2018-05-21_11_16_27_640X360_XXX.jpg"，其中 XXX 为帧序号。

101	output/QQFeiche/2018-10-12_16_31_03/2018-10-12_16_31_03_640X360_99.jpg	0	None		
102	output/QQFeiche/2018-10-12_16_31_03/2018-10-12_16_31_03_640X360_100.jpg	0	None		
103	output/QQFeiche/2018-10-12_16_31_03/2018-10-12_16_31_03_640X360_101.jpg	0	None		
104	output/QQFeiche/2018-10-12_16_31_03/2018-10-12_16_31_03_640X360_102.jpg	0	None		
105	output/QQFeiche/2018-10-12_16_31_03/2018-10-12_16_31_03_640X360_103.jpg	0	None		
106	output/QQFeiche/2018-10-12_16_31_03/2018-10-12_16_31_03_640X360_104.jpg	0	None		
107	output/QQFeiche/2018-10-12_16_31_03/2018-10-12_16_31_03_640X360_105.jpg	0	None		
108	output/QQFeiche/2018-10-12_16_31_03/2018-10-12_16_31_03_640X360_106.jpg	2	right		
109	output/QQFeiche/2018-10-12_16_31_03/2018-10-12_16_31_03_640X360_107.jpg	2	right		
110	output/QQFeiche/2018-10-12_16_31_03/2018-10-12_16_31_03_640X360_108.jpg	0	None		
111	output/QQFeiche/2018-10-12_16_31_03/2018-10-12_16_31_03_640X360_109.jpg	0	None		
112	output/QQFeiche/2018-10-12_16_31_03/2018-10-12_16_31_03_640X360_110.jpg	0	None		
113	output/QQFeiche/2018-10-12_16_31_03/2018-10-12_16_31_03_640X360_111.jpg	1	left		
114	output/QQFeiche/2018-10-12_16_31_03/2018-10-12_16_31_03_640X360_112.jpg	1	left		
115	output/QQFeiche/2018-10-12_16_31_03/2018-10-12_16_31_03_640X360_113.jpg	0	None		
116	output/QQFeiche/2018-10-12_16_31_03/2018-10-12_16_31_03_640X360_114.jpg	0	None		
117	output/QQFeiche/2018-10-12_16_31_03/2018-10-12_16_31_03_640X360_115.jpg	0	None		
118	output/QQFeiche/2018-10-12_16_31_03/2018-10-12_16_31_03_640X360_116.jpg	0	None		
119	output/QQFeiche/2018-10-12_16_31_03/2018-10-12_16_31_03_640X360_117.jpg	0	None		
120	output/QQFeiche/2018-10-12_16_31_03/2018-10-12_16_31_03_640X360_118.jpg	0	None		
121	output/QQFeiche/2018-10-12_16_31_03/2018-10-12_16_31_03_640X360_119.jpg	0	None		
122	output/QQFeiche/2018-10-12_16_31_03/2018-10-12_16_31_03_640X360_120.jpg	0	None		
123	output/QQFeiche/2018-10-12_16_31_03/2018-10-12_16_31_03_640X360_121.jpg	0	None		
124	output/QQFeiche/2018-10-12_16_31_03/2018-10-12_16_31_03_640X360_122.jpg	0	None		
125	output/QQFeiche/2018-10-12_16_31_03/2018-10-12_16_31_03_640X360_123.jpg	0	None		
126	output/QQFeiche/2018-10-12_16_31_03/2018-10-12_16_31_03_640X360_124.jpg	1	left	3	piaoyi
127	output/QQFeiche/2018-10-12_16_31_03/2018-10-12_16_31_03_640X360_125.jpg	1	left	3	piaoyi
128	output/QQFeiche/2018-10-12_16_31_03/2018-10-12_16_31_03_640X360_126.jpg	1	left	3	piaoyi
129	output/QQFeiche/2018-10-12_16_31_03/2018-10-12_16_31_03_640X360_127.jpg	1	left	3	piaoyi
130	output/QQFeiche/2018-10-12_16_31_03/2018-10-12_16_31_03_640X360_128.jpg	1	left	3	piaoyi
131	output/QQFeiche/2018-10-12_16_31_03/2018-10-12_16_31_03_640X360_129.jpg	1	left	3	piaoyi
132	output/QQFeiche/2018-10-12_16_31_03/2018-10-12_16_31_03_640X360_130.jpg	1	left	3	piaoyi
133	output/QQFeiche/2018-10-12_16_31_03/2018-10-12_16_31_03_640X360_131.jpg	0	None		
134	output/QQFeiche/2018-10-12_16_31_03/2018-10-12_16_31_03_640X360_132.jpg	0	None		

图 9-17　生成的模仿学习样本

图 9-18　FGame 游戏样本

9.2　基于图像的 AI 方案

模仿学习算法能通过少量人工录制的游戏样本在短时间内完成游戏 AI 的训练，资源消耗少，能较好地模仿玩家的行为。

首先，我们通过人工的方式录制 FGame 游戏样本，游戏采样的频率为一秒 10 帧，游戏中采样的动作包括左移、右移、漂移。针对特定的游戏地图，人工录制 8 局游戏，保存游戏图像和对应的动作标签，图像的大小设置为 640×360 像素。这里采用一秒 10 帧是因为 AI 做动作的频率为一秒 10 个动作。录制 8 局游戏耗费的时间在 20 分钟左右。录制完游戏后，我们对采样动作进行处理，如果一帧图像对应的动作同时包含左移和漂移，则将该动作改成左漂移；如果同时出现右移和漂移，则将该动作改成右漂移。

录制完游戏样本后，选取 80% 的样本作为训练样本，余下的样本作为测试样本。为了提取图像中的抽象特征，我们设计了一个轻量化深度小模型，该模型能在 CPU 上达到一秒 10 帧的效果，耗费的内存和计算资源较少。

上述方案的整体流程如图 9-19 所示。

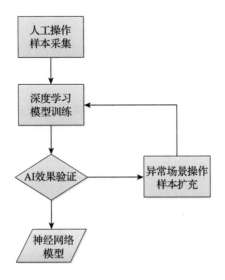

图 9-19　整体流程

9.2.1 基于小地图的特征提取

完整的游戏画面包含较复杂的特征（如赛道场景、游戏特效、玩家皮肤等信息），用完整画面进行训练的复杂度较高。而 FGame 游戏中的小地图仅包含赛车、赛道等关键信息，玩家根据小地图中的信息即可完成游戏决策，如图 9-20 所示。

实际输入特征是连续 4 帧图像的小地图画面信息，连续 4 帧图像包含了当前帧之前一小段时间的特征信息，如图 9-21 所示。

图 9-20 小地图画面   图 9-21 输入特征

9.2.2 样本扩充

由于实际的游戏场景较复杂，AI 根据神经网络输出的动作执行，经过较长时间后可能存在累积误差，导致 AI 进入特殊的游戏场景。而采集的人工操作样本对于特殊的游戏场景可能未覆盖到，所以需要扩充少量特殊场景的人工操作样本。样本扩充后，重新训练。

如图 9-22 所示，绿色线条表示正常的游戏赛道场景（AI 大部分情况下会进入正常的游戏场景），而红色线条表示特殊的游戏场景（AI 少部分情况下会进入特殊的场景）。

图 9-22 AI 表现的异常情况

9.2.3 模型和训练

网络模型的输入是小地图特征，输出是 5 个动作的概率。模型整体示意图如图 9-23 所示。

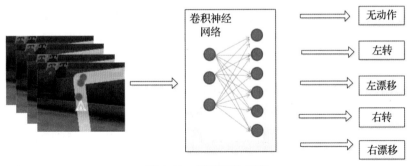

图 9-23　模型整体示意

　　模型的架构如图 9-24 所示，由 4 个卷积层和 2 个全连接层组成，输入为飞车游戏图像中的小地图区域。为了减少计算量，小地图统一缩放为 50×50 像素。在训练轻量化小模型过程中，交叉熵损失作为模型的目标函数，采用梯度后向传播的方式优化模型参数。由于人工录制的游戏样本不可能覆盖所有场景，而样本不够充分容易使模型过拟合，所以，为了防止模型过拟合，一般采用以下两种方式来避免。

　　1）随机对小地图进行裁剪，扩充样本数量。

　　2）在全连接层加入正则化项，防止模型参数太复杂。

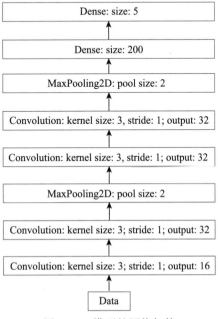

图 9-24　模型的网络架构

由于游戏过程中的动作有一定的连续性，相邻时间的动作有较强的内在关联，仅仅从单张图像考虑游戏动作会丢失游戏在时序上的特征，为此，提出了一种 LSTM 结构的深度网络模型。为了加快模型的收敛，将 5 帧图像的轻量化小模型的全连接特征作为 LSTM 网络的输入，LSTM 输出的特征维度为 100，随后通过一个全连接层输出每个动作的概率。LSTM 网络结构如图 9-25 所示。为了防止模型过拟合，在全连接层加入了正则化项。通过 20 轮迭代优化，得到优化后的 LSTM 结构的深度网络模型。

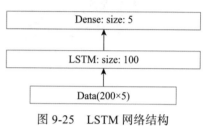

图 9-25　LSTM 网络结构

在测试阶段，首先提取当前图像的小地图区域，随后将图像缩至 50×50 像素，输入轻量化小模型提取的深度特征。然后，将 5 帧连续图像的深度特征输入 LSTM 结构的深度网络，提取游戏动作的时序特征，输出每一个动作的概率。通过最大后验概率的方式，得到最终的动作标签。模型测试流程如图 9-26 所示。在飞车游戏测试过程中，动作频率为一秒 10 帧。

由于模仿学习能通过少量人工录制的样本训练飞车游戏 AI，使得模型的训练效率提升，甚至可以在 1.5 小时内得到特定地图的"飞车"游戏 AI。

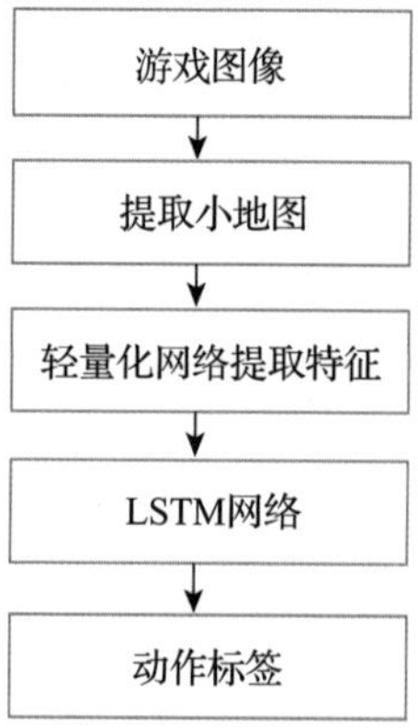

9.3　使用 Game AI SDK 平台进行 AI 自动化测试——手机兼容性测试

图 9-26　模型测试流程

Android 碎片化严重，每一款游戏 / 应用在上线之前，都会做一轮覆盖一定机型量的兼容性测试。在产品面市之前，尽量解决影响用户体验的问题。

手机兼容性问题主要分为以下 8 种，如表 9-1 所示。该如何选择测试机型呢？很简单的一条准则就是机型数量覆盖越多，测试到的问题就越多，然而，最需要修复的漏洞 80% 集中在 20% 的手机上，80/20 原则在适配兼容测试过程中也同样适用。大量的测试手机中必然充斥着众多边缘机型，这些机型所测出的兼容性问题，不仅难修复，而且修复后产生的作用并不显著。开发人员在面对测试提交的一堆冷僻机型上的问题时，不免有无力感，修之无味，弃之可惜。

表 9-1　手机兼容性问题

问题类型	详　　情
App Crash	崩溃，表现为闪退。报告中详细给出问题日志和堆栈信息
进程退出	表现为闪退，报告中进程退出的过程日志（一般是 am_proc_died 或 am_killed），未捕捉到崩溃堆栈
ANR	无响应，报告中会详细给出问题日志、堆栈信息，以及 trace 文件
安装失败	App 安装操作完成，但没有安装成功
拉起失败	App 安装成功，但无法正常启动
UI 异常	App 界面出现 UI 错位、显示不全、重影、花屏、资源加载异常等问题
Exception	App 中有无法捕获的异常
功能问题	App 实现与功能设计意图不符

随着游戏业务的迅猛发展，测试要支持的游戏项目组越来越多，开始出现适配兼容测试人力投入过大，无暇顾及新项目的情况。同时，测试出的大量错误被挂起，这让测试工作者重新思考兼容性测试的优化和规范。

传统测试中采用如下两种方式来保障兼容性测试。

1）花更多的时间在最主流机型的主要程序错误上，例如测 TOP100 的机型。机型从大数据平台上报的数据中选取，确保用户量占比最高。每月进行机型采购，保持机型库中的 TOP100 机型全是当下的最热机型。

2）自动化 + 人工。

自动化测试 1：标准兼容测试——适配兼容性测试包含了大量的重复操作，经过多年技术积累，我们用自动化测试取代部分人工劳动，减少人力成本。

自动化测试 2：自动化脚本测试——脚本上传到 WeTest 平台，多机并行跑脚本。

人工测试：专家兼容测试，定制化。

对于游戏对局测试，传统的自动化兼容性测试依然无法做到全自动化，需要人工介入。但是，当自动化测试和 AI 技术结合后，对局测试便可交给 AI 来完成。以

FGame 为例，基于 Game AI SDK 实现的 AI 便可做到自动玩赛车类游戏。在自动化兼容性测试过程中，一旦游戏进入对局，AI 就可自动介入，完成对局，全程无须人工介入。

　　将 AI Client 打包成运行脚本提交到 WeTest 平台，发起测试。然后，利用 WeTest 平台在指定的手机上执行自动化测试脚本。测试结束后，得到的测试结果如图 9-27 和图 9-28 所示。

图 9-27　手机兼容性测试结果——测试概况

手机品牌	型号	系统版本	覆盖用户	测试结果	问题分类	问题场景
Vivo	X7 Plus	5.1	196万	适配失败	UI异常	运行
华为	麦芒5 高配版	6.0	91万	适配失败	UI异常	运行
Vivo	Y55A	6.0	86万	适配失败	安装失败	安装
Vivo	Xplay5A	5.1	71万	适配失败	UI异常	运行
OPPO	R9 Plustm A	5.1	67万	适配失败	UI异常	运行
华为	畅享6S 全网通	6.0	61万	适配失败	UI异常	运行
华为	麦芒4 高配版/全网通	6.0	35万	适配失败	UI异常	运行
OPPO	A57	6.0	568万	适配通过	-	-
Vivo	X9 全网通	7.1	534万	适配通过	-	-
Vivo	X20A	8.1	464万	适配通过	-	-

图 9-28　手机兼容性测试结果——设备详情

9.4 使用 Game AI SDK 平台进行 AI 自动化测试——场景测试

FGame 游戏的对局场景众多，玩法多样。对于场景测试来说，测试的目的是进入不同对局场景去验证。以 FGame 游戏为例，场景测试的具体需求如表 9-2 所示。

表 9-2 FGame 游戏场景测试需求

模 块	验证标准
剧情模式	需要覆盖基本操作（如切换方向键、喷射、漂移），使用相应的道具功能，直到游戏到达终点（完成挑战或者挑战失败）
对战房间	需要覆盖基本操作（如切换方向键、喷射、漂移），并且完成比赛（可以在房间模式下进行）
训练	需要完成各种驾照训练比赛
邂逅模式	覆盖基本操作（如切换方向键、加速、漂移），需要积攒默契值，释放爱心氮气才能加速，最先到达终点的队伍获胜

场景虽然各有差异，但核心玩法是一致的，所以只需对基于 Game AI SDK 平台实现的 AI 做一些适配调整，便可顺利接入新的场景。这些调整包括如下内容。

1）UI 需要配置进入各场景的逻辑。

2）模仿学习的样本需要扩充，采集不同场景下的样本。

3）分场景训练 AI 模型或者混合场景训练一个统一的 AI 模型。

9.5 使用 Game AI SDK 平台进行 AI 自动化测试——花屏类测试

在 ASM 平台上（云端）运行 Game AI SDK，ASM 的后台会保存测试过程中游戏的画面截图。这些截图将会通过 AITest 平台进行花屏类检查并将输出报告展示到 Web 页面。测试人员可以在 AITest 平台上标注花屏类问题。基于这些截图，可以训练图像识别的 AI 模型，实现自动识别花屏类问题。

图 9-29 是 AITest 测试报告列表，每一行对应一个测试设备的测试结果。

单击测试的"查看报告"按钮，打开测试详情，显示如图 9-30 所示的 AITest 测试视频列表。

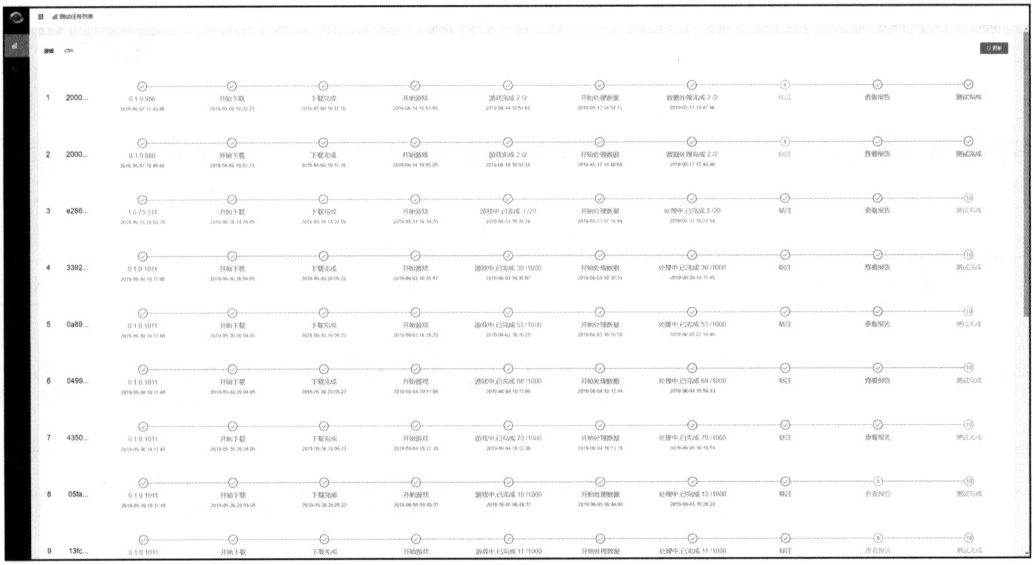

图 9-29　AITest 测试报告列表

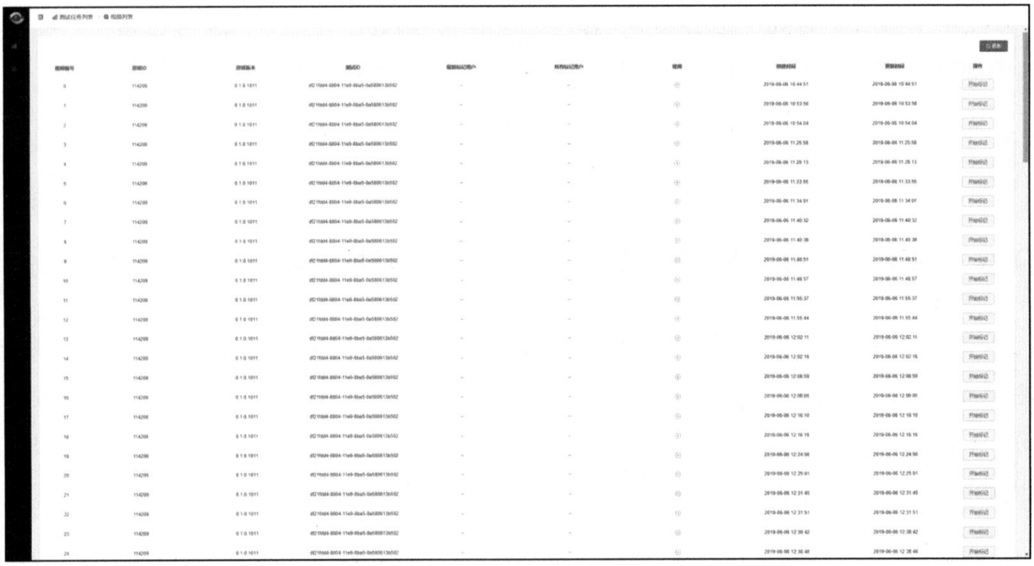

图 9-30　AITest 测试视频列表

单击"播放"按钮，如图 9-31 所示，打开对应的视频。

图 9-31　AITest 测试报告中的视频播放

单击"开始标记"按钮，如图 9-32 所示，查看视频截图并进行问题标注。

图 9-32　AITest 测试报告截图及问题标注

9.6　本章小结

本章以一个实际案例讲述了如何接入基于图像的游戏及应用游戏 AI 完成三种类型的 AI 自动化测试。图像类接入是 Game AI SDK 原生支持的，只需要通过 SDK Tool 生成配置文件，即可完成 AI 与游戏的交互。FGame 游戏采用的是模仿学习算法方案，需要先人工采集样本。

在自动化手机兼容性测试案例中，将 WeTest 平台的自动化技术和 AI 技术结合，实现游戏局内 / 局外的全自动化测试。

在自动化场景测试案例中，AI 的可扩展性使其可以很方便地接入更多场景进行测试。在自动化花屏类测试案例中，通过云端运行 Game AI SDK 来保存 AI 测试过程中的画面截图，输出到 AITest 的 Web 页面，后续在 AITest 平台上标注花屏类问题。

## 第 10 章

数据类手游接入 Game AI SDK 平台

本章以一个 FPS 类手游（简称：CGame）为例讲解数据类手游接入 Game AI SDK 的步骤和测试案例。

CGame 是一个在全球拥有超高热度的第一人称射击游戏系列。由于游戏玩法、场景和市面上终端设备的多样性，使得 CGame 和其他游戏一样，在正式上线前需要在大量不同的终端设备上进行测试，以检测在不同机型、不同场景、不同游戏模式下游戏是否会出现异常。

目前，传统的测试方案主要依靠人工进行筛查，但这种测试模式对于 CGame 及相似类型的游戏往往存在较多的困难。

1. 测试覆盖机型的多样性

针对 CGame 这类游戏，测试人员需要保证机型的覆盖尽量全面。常见的做法是进行 TOP300 测试，即对市场上占有率排名前 300 的手机机型进行游戏测试，从而保证游戏在这些机型上能正常运行。人工测试若想覆盖全部机型，其难度可想而知。

2. 游戏内容的多样性

这里面既包括游戏玩法的多样性，也包括游戏场景的多样性。目前，基于已经公开发布的信息，CGame 至少包含以下类型的游戏模式：战术团队竞技（Team

Deathmatch）、冲锋团队竞技（Frontline）、个人竞技（Free-for-all）、据点争夺（Domination）、经典爆破（Search&Destroy）等多人对战模式。同时，多种 PVE 模式和类似于"吃鸡"的游戏模式也将出现在游戏中。这里提到的每种模式都有对应的一系列地图，且地图面积巨大，而人工操作覆盖全模式、全场景的耗时则相当长。

3. 时间的紧迫性

游戏在上线前的测试阶段往往版本迭代频繁，每天可能有一个甚至几个新的版本，且游戏内容非常丰富。时间上的限制使测试任务变得非常艰巨。

基于以上原因，传统的测试过程往往需要耗费大量的人力和时间，甚至因此变得不可行，使得测试人员在制定方案时不得不在测试迭代频率、覆盖面等方面做出妥协。因此，我们希望可以通过以下方案解决上述难题。

1）利用 AI 技术自动玩游戏并在游戏中探索。
2）利用计算机视觉技术对探索过程中的画面自动分析。
3）利用云测试技术在大量终端上并行发起测试。

10.1 Game AI SDK 接入方案

10.1.1 集成 GAutomator 实现游戏接口

GAutomator 是一个由腾讯开发并维护的开源移动端游戏测试框架。我们可基于以下原因选择 GAutomator 实现游戏接口。

1）GAutomator 支持针对游戏引擎的 UI 控件，方便实现游戏的 UI 自动化脚本，为自动化测试提供便利。
2）GAutomator 可以调用游戏客户端的注册接口，从而实现获取游戏内部数据，作为 AI 的输入；同时，可实现调用游戏内部的接口执行 AI 输出动作。
3）手机兼容性强，且被 WeTest 平台支持。

AI Client 已集成 GAutomator 以实现与游戏客户端的交互。下面基于 Unity 引擎的 CGame 讲解如何利用 GAutomator 实现游戏接口。

GAutomator 有一个定制功能，即可以向 GAutomator SDK 注册委托，通过 Python 脚本触发委托的执行，并将结果返回给 Python 脚本；或通过 Python 调用第三方 C# 脚本完成特定功能，或在 Unity 中回调 Python 方法。

1. Unity 端注册函数

Unity 游戏开发者可以注册函数供脚本调用，如完成英雄位移等。

```
using UnityEngine;
using System.Collections;
using WeTest.U3DAutomation;

public class CustomTester : MonoBehaviour {
    void Start () {
        Debug.Log("Register test");
        WeTest.U3DAutomation.CustomHandler.RegisterCallBack("test", testReq);
    }

    string testReq(string args)
    {
        Debug.Log("Args = " + args);
        string result = args + " Response";
        return result;
    }

    void OnDestroy()
    {
        Debug.Log("UnRegister test");
        CustomHandler.UnRegisterCallBack("test");
    }
}
```

WeTest.U3DAutomation.CustomHandler.RegisterCallBack("test", testReq)：注册函数的委托名称和对应的函数名。注册了这个函数之后，脚本执行时如果发送执行 "test"，SDK 就会调用 testReq（string arg）函数，并把脚本发送过来的内容作为 string 参数传入。函数返回值会返回给脚本端。CustomHandler.UnRegisterCallBack("test")：将函数从注册表中移除。

2. Python 获取可用委托并执行

engine.call_registered_handler("test", "python call test")：调用 SDK 中注册的委托。

```
def test_call_registered_handler():
    result = engine.call_registered_handler("test", "python call test")

test_call_registered_handler()
```

运行 "test" 关键词对应注册的委托，传入参数为 "python call test"，获取委托执行后的返回值 "python call test Response"。

10.1.2　通过游戏接口获取 AI 输入数据

利用 GAutomator 实现游戏接口，AI 可以获得所需要的输入数据。AI 输入数据接口如表 10-1 所示。

表 10-1　AI 输入数据的接口

数据接口	参数	返回值
get_alldata	无	json 格式描述的游戏状态

获取的 json 格式数据如表 10-2 所示。

表 10-2　获取的 json 格式数据

key	value 类型	value 含义
GameMode	string	游戏模式，PVP/BR/MP
GameState	string	游戏状态，开始 / 游戏中 / 结束
SelfPos	(x, y, z) 三元组	自己的三维场景坐标
HurtDirection	int，0~359	当前受伤来源方向
RemainAmmo	int，大于 0	当前剩余子弹数
CarrierPosList	list，每个元素是一个 (x, y, z) 三元组	附近载具坐标的列表
HasbloodPack	bool	是否有治疗包
PlayerDirection	int，0~359	当前角色朝向
WindowPosList	list，每个元素是一个 (x, y, z) 三元组	附近窗户坐标的列表
HousePosList	list，每个元素是一个 (x, y, z) 三元组	附近房屋坐标的列表
HP	float	当前角色血量值
DoorPosList	list，每个元素是一个 (x, y, z) 三元组	附近房屋门坐标的列表
SafeArea	(radius, x, y, z) 四元组	安全区中心点 (x, y, z) 和半径
DroppedPickUpList	list，每个元素是一个 (x, y, z) 三元组	附近可拾取物品坐标的列表
Camp	string	阵营名称
EnemyPosList	list，每个元素是一个 (x, y, z) 三元组	附近敌人坐标的列表

10.1.3　通过动作接口执行 AI 动作

AI 获得一帧图片的输入后，经过计算，会返回输出动作。这些动作通过动作接口在游戏场景中执行，从而实现自动玩游戏。

在 CGame 游戏中，AI 能够调用的游戏动作如表 10-3 所示。

表 10-3　AI 动作列表

ID	动作名称	含　义
0	ACTION_ID_RESET	复位
1	ACTION_ID_FIRE	开火
2	ACTION_ID_SHOULEI	扔手雷
3	ACTION_ID_JUMP	跳跃
4	ACTION_ID_CROUCH	蹲下
5	ACTION_ID_REAMMO	装填子弹
6	ACTION_ID_ADS	瞄准
7	ACTION_ID_WEAPON1	切换武器 1
8	ACTION_ID_WEAPON2	切换武器 2
9	ACTION_ID_SKYDIVING	跳伞
10	ACTION_ID_MOVING	移动
11	ACTION_ID_TURNING	转向
12	ACTION_ID_SWIM	游泳
13	ACTION_ID_MED	医疗
14	ACTION_ID_OPENDOOR	开门
15	ACTION_ID_PICK	拾取
16	ACTION_ID_DRIVE	驾驶
17	ACTION_ID_GETOFF	下车
18	ACTION_ID_OPENBAG	打开背包
19	ACTION_ID_WEAPON_SLOT_A	选择背包里面的武器 A
20	ACTION_ID_DROPALL	丢弃全部
21	ACTION_ID_CLOSEBAG	关闭背包

上述接口底层的实现依赖于 minitouch 的触屏接口或游戏内提供的接口，如表 10-4 所示。

表 10-4   AI 动作接口

触屏动作接口	参 数	含 义
touchDown	contactId：触点 ID x：屏幕坐标 x y：屏幕坐标 y	使用 contactId 触点按压坐标 (x, y)
touchMove	contactId：触点 ID x：屏幕坐标 x y：屏幕坐标 y	移动 contactId 触点到坐标 (x, y)
touchUp	contactId：触点 ID	释放 contactId 触点
set_player_rotation	x：屏幕坐标 x y：屏幕坐标 y	以屏幕中心为原点，控制角色的朝向 (x, y) 坐标

10.2   基于数据的 AI 方案介绍

CGame 中若想 AI 能像玩家一样玩游戏，则需要经历尽量多的状况，发现更多游戏中潜在的问题。这是一个很有挑战的工作，因为 CGame 游戏地图较大，一局游戏持续时间大约半小时，场景丰富，游戏操作性强，游戏 AI 设计难度大。

研发初期，我们有三种备选方案。

1. 强化学习算法

强化学习算法是目前很热门的训练游戏 AI 的方式。首先定义 AI 的奖励函数，然后通过不断与环境交互获得游戏状态和对应的奖励，最后采用 DQN、PPO 等强化学习算法优化模型参数。该算法的效果往往需要极高的人工先验才能定义较好的奖励函数，同时，要求很高的环境交互次数。如果游戏没有提供加速接口，会消耗大量时间。

2. 模仿学习算法

模仿学习算法需要人工录制游戏样本，保留游戏状态和对应的动作，通过监督学习训练深度网络。该算法在探索空间较小的游戏中能获得较好的效果，但对于 CGame 而言，游戏自由度高，可探索区域很大，人工录制阶段难以遍历所有状态，一旦 AI 进入录制过程中没出现过的场景，则大概率会做出错误判断。

3. 通过硬编码编写游戏 AI

与前两种算法相比，硬编码不需要收集大量的游戏样本，可以针对不同的测试需求编写对应的游戏策略，但需要对游戏有较深入的了解。

目前，在 CGame 游戏中，游戏 AI 的设计目标以探索场景为主，对游戏 AI 的竞技性和对抗能力要求不高，我们决定选取硬编码的方式来实现。基于人工定义规则的算法优点是灵活性。开发人员可以按照测试需求对 AI 算法进行定制，而不需要采集大量样本来训练模型，能有效减少开发时间。缺点是通用性较差，需要较高的人工先验知识。

基于人工定义规则的算法的贡献在于针对"吃鸡"类游戏编写了一套较为通用的 AI 工作流程，可以针对不同的测试需求灵活添加对应的 AI 策略，不需要大量的训练样本，减少了模型训练的时间，同时能取得较好的 AI 效果。

10.2.1　算法描述

我们设计的游戏 AI 的输入包括以下信息。

- ❑ 敌人、载具、门、窗和房屋的位置
- ❑ 安全区的中心位置和半径
- ❑ 角色的位置和视角的角度
- ❑ 是否有治疗物品的信息
- ❑ 角色的血量信息
- ❑ 是否持枪的信息
- ❑ 所持枪支剩余子弹数量
- ❑ 游戏的模式
- ❑ 视角转动的动作接口

算法实现如下。

1）在 AI 执行过程中，优先执行卡住检测。一旦 AI 在一段时间内的移动范围小于阈值，则检测为卡住，将执行随机动作试图脱困。

2）在朝安全区移动过程中，执行大角度的视角变化，这是因为在《使命召唤》游戏中，小角度的视角变化可能不会改变小地图中角色的视角。

3）由于角色初始时面向地面，在未出现安全区信息前，需定时抬高视角，使其观察到更多区域。

4）AI 向客户端传输动作，通过客户端执行对应的动作。

CGame 游戏 AI 算法流程如图 10-1 所示。

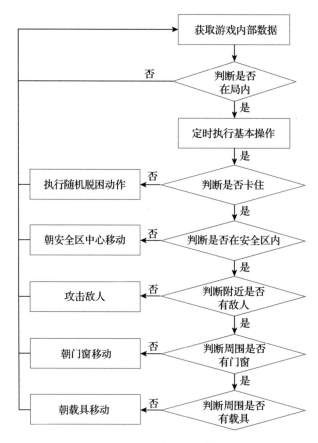

图 10-1　CGame 游戏 AI 算法流程

10.2.2　实现功能

我们为 CGame 设计的游戏 AI 实现了以下功能。

- ❏ 自动跳伞
- ❏ 自动跳跃和下蹲
- ❏ 自动调整视角
- ❏ 自动跑到安全区
- ❏ 自动检测卡住
- ❏ 自动驾驶车辆
- ❏ 自动打开背包
- ❏ 自动丢弃物品
- ❏ 自动开镜
- ❏ 自动攻击敌人
- ❏ 自动治疗

在 Game AI SDK 平台上接入和实现了上述功能的游戏 AI 后，我们可以利用该游戏 AI 做一些自动化测试，例如跑图覆盖测试、手机性能测试、地图平衡性测试。

10.3　使用 Game AI SDK 平台进行 AI 自动化测试——跑图覆盖测试

在做 FPS 游戏的跑图覆盖测试时，我们借助 WeTest 平台的云真机，在市场占有率前 300 的手机机型上并行执行 AI，完成自动化跑图覆盖。

WeTest 云测试允许用户上传自定义脚本，这种灵活便捷的入口为 AI 部署提供了方便。我们只需将 AI Client 打包到用户上传的脚本并发起测试，测试过程中便会自动运行 AI Client，从而完成申请 AI 服务、连接 AI 服务、执行 AI 服务。

AI Client 的整体流程如下。

Step1：用户在 AI Client 配置文件中，修改需要使用 AI 服务的相关配置，包括需要拉起 AI 服务的游戏、场景、使用时长等。

Step2：AI Client 拉起后，首先会向 ASM 发送申请 AI 服务的请求。

Step3：ASM 收到资源申请后，将用户的申请信息记录到数据库中，为 AI 服务分配校验 key 值、对外提供服务的 IP 和端口，并创建 AI 服务（创建 Docker 容器）。AI 服务创建后会与 ASM 进行交互，即 AI 服务将自己的状态上报给 ASM，ASM 会将校验 key 值发送给 AI 服务，以便校验 AI Client 访问的合法性。同时，ASM 将校验 key 值、IP 和端口等结果返回给 Client。

Step4：AI Client 接收到申请 AI 服务成功的结果后，会拉起与其相连的手机并进行相关初始化，然后根据校验 key 值、IP 和端口，尝试与 AI 服务建立连接。

Step5：AI Client 与 AI 服务建立连接后，开始从手机上截取手机画面并获取相关文本数据，返回给 AI 服务。

Step6：AI 服务接收到数据后，对数据进行处理，并将处理结果返回给 AI Client。

Step7：AI Client 接收到结果后，根据操作的类型对手机做出不同的操作，驱动游戏推进。

Step8：AI Client 向 AI 服务发送数据和处理 AI 服务返回的结果是并行的，一直循环，直到游戏结束。

Step9：游戏结束后，ASM 会定期地扫描资源，将超过 AI 服务时长（申请资源时配置）的资源回收。

在 CGame 的跑图覆盖测试中，生成的跑图覆盖测试截图如图 10-2 所示。

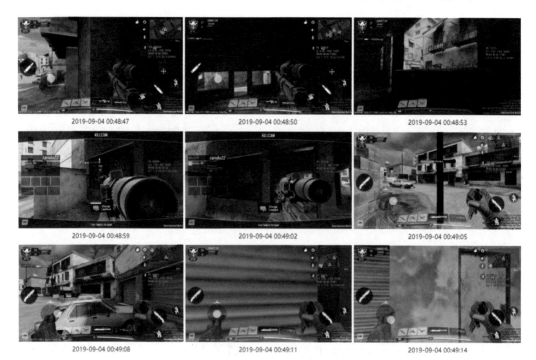

图 10-2　跑图覆盖测试截图

并行测试市场占有率排名前 300 的手机，相当于有 300 个测试人员在游戏场景中遍历地图。借助于 AI 技术，将这一过程自动化、智能化，大大提高了测试效率。

10.4　使用 Game AI SDK 平台进行 AI 自动化测试——手机性能测试

手机性能测试要求在 6 个挡位的手机上进行测试。挡位是根据手机的性能评分划分的。在测试过程中，要求 AI 执行固定的跑图路线和一致的行为操作，同步记录手机的性能数据，从而对比不同挡位下的手机性能。

具体到 CGame 游戏中，手机性能测试 AI 的固定跑图路线如下。

第一段：出生岛倒计时，随意走动，40 秒左右上飞机。

第二段：上飞机，落点选择在战火小镇城区中心，落地。

第三段：战火小镇城区中心，自动奔跑前往老农场—城区旁路口。

第四段：路口驾驶载具，沿着公路驾驶至火箭基地。

第五段：到达火箭基地后，下车，绕城一圈，之后在主城区拾取物品并战斗 2 分钟左右，如图 10-3 所示。

图 10-3　第五段跑图路线

测试时，我们同样借助 WeTest 平台的云真机，分别从 6 个挡位各选取一台手机进行测试。得到的性能数据如图 10-4 和图 10-5 所示。

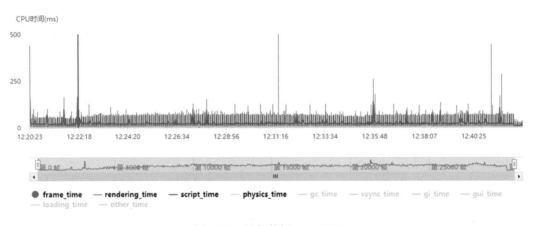

图 10-4　性能数据——CPU

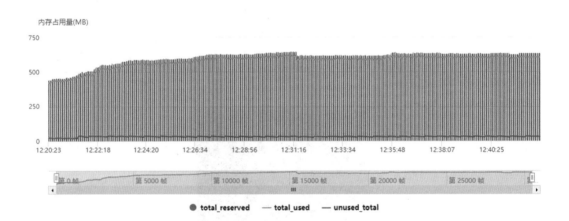

图 10-5　性能数据——内存占用量

10.5　使用 Game AI SDK 平台进行 AI 自动化测试——地图平衡性测试

我们知道 FPS 游戏其实是比较难的，游戏 AI 需要学会开枪攻击、躲避敌人的攻击、探索地图等一系列动作。因此，在训练该 AI 时我们采用课程学习的方式。其类似于人类的学习，把一门课的内容按照难易程度划分成不同的课程。

10.5.1　游戏 AI 的课程学习方式

我们把 FPS 游戏划分为 5 个难度等级，在训练过程中逐级提高难度等级进行训练。难度等级划分如下。

第一级难度：敌人在地图中不动，也不会对 AI 控制的角色发起攻击。AI 需要在训练中学会发现不运动的目标和开枪射击不运动的目标。

第二级难度：敌人在地图中随机移动，AI 需要在训练中学会射击随机移动的目标。

第三级难度：敌人不仅会随机移动，而且发现 AI 后会做出攻击行为。AI 需要在训练中学会攻击敌人的同时躲避敌人的攻击。

第四级难度：使用一些比较简单的地图，使 AI 学会在地图中探索区域并发现敌人。

第五级难度：使用复杂的地图，使 AI 学会探索复杂地图。

前三级难度，我们是限制 AI 在地图的某个区域学会攻击和躲避敌人的攻击。第四和第五级难度，我们扩大 AI 的活动区域，使其可以探索全地图。

10.5.2　游戏 AI 的深度强化学习训练架构

使用深度强化学习来训练游戏 AI 通常要耗费很多时间。为了缩短训练过程，我们采用并行训练的架构。服务端由一台参数服务器构成，用于存放多个模型的参数。代理端包含多台主机，每台主机上运行多个 Agent，每个 Agent 表示一个 AI 玩家。AI 玩家与游戏服务器之间进行游戏数据传输。每台主机上的 AI 玩家使用相同的网络模型和相同的激励函数。这样可以采用 A3C 算法来提升 AI 训练的速度。不同主机之间的 AI 玩家使用不同的网络模型和不同的激励函数，这样可以模拟不同的玩家操作习惯。

10.5.3　深度强化学习的神经网络模型设计

在使用 AI 模拟对局游戏时，一局游戏中全部是由训练出来的 AI 来控制游戏角色。如果使用同一个 AI 模型，则会导致所有的 AI 采用相同的动作，这与现实中人类玩 FPS 游戏不符合。因为一局游戏中每个人都会有不同的决策，因此我们会采用不同的神经网络模型训练出不同的 AI。通过这样的设置，训练出来的 AI 会有不同的行动决策。由于模型的输入是一组向量，因此不需要设计复杂的卷积神经网络，只需要设计全连接层。我们会在不同的 AI 之间设计不同的全连接层。

使用 AI 自动化技术实现地图平衡性测试，有以下优势。

1）通过训练 AI 来代替实际玩家的对局数据，完成地图平衡性设计。

2）缩短地图策划人员的开发验证周期，辅助策划人员提前发现地图的缺陷。

3）降低地图不经过验证，直接上线，获得玩家负面反馈的风险。

图 10-6 展示了使用游戏 AI 模拟玩家对局后获得的击杀热力图。越亮的区域表示击杀数越高，表示实际玩家能够在该区域获得的收益越高。左图是地图原图，类似 CS 的雪地地图；右图是击杀时刻统计的位置热力图，从结果可以看出，击杀较大可能发生在三条纵向通道上。

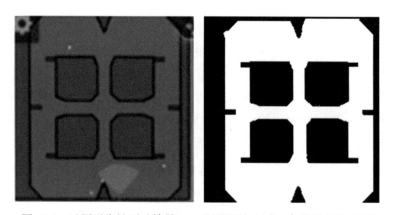

图 10-6　地图平衡性测试结果——地图原图（左），击杀热力图（右）

10.6　本章小结

本章首先以实际案例讲述了 Game AI SDK 如何接入基于数据的游戏 AI 和应用游戏 AI 完成三种类型的测试。与图像类接入不同的是，数据类接入需要游戏集成

GAutomator 并实现数据接口，从而完成 AI 与游戏的交互。然后，简要讲述了 CGame 游戏 AI 的算法方案及实现的功能。最后，分别以三种测试类型为例，描述了 AI 自动化测试的效果。

在自动化跑图覆盖测试案例中，利用 AI 自动化技术和 WeTest 平台的云真机完成了市场占有率前 300 的手机机型的并行测试。

在自动化手机性能测试案例中，AI 需要在 6 款性能不同的手机上都做到比较一致的跑图路线和行为操作，同步记录的性能数据才好用于性能对比分析。

在自动化地图的平衡性测试案例中，利用 AI 模拟玩家自动在地图上进行大量对局，然后统计对局中击杀时刻的地图位置，生成对应的击杀热力图，这在一定程度上反映了该地图固有的平衡性问题。

第 11 章

AI SDK 平台二次开发

前面章节介绍了 AI SDK 平台的基本概念，涉及 AI SDK 平台的运行框架和流程等，通过这些知识我们知道了 AI SDK 平台是如何运行的；还介绍了许多图像识别和 AI 算法的原理，比如目标检测、模板匹配、特征点匹配等图像识别算法，以及强化学习和模仿学习 AI 算法；最后介绍了基于安卓系统的自动化基础知识，了解到自动化程序是如何与手机端进行交互的。

本章我们将前面章节介绍的图像识别、AI 算法、AI 自动化等结合起来，学习如何通过 AI SDK 平台的 AI 二次开发框架，来开发游戏 AI 自动化模块。完成游戏 AI 自动化模块开发后，再配置游戏的 UI 自动化流程，我们就可以对游戏进行 AI 自动化测试了。

11.1 AI SDK 平台二次开发介绍

为了支持 AI 二次开发和可扩展性，AI SDK 平台中游戏 AI 以插件的形式存在。这样用户开发自己的 AI 就很方便，不需要对 AI SDK 的内部原理有深入理解。总体来看，开发游戏 AI 就是开发插件。为了便于插件开发，AI SDK 还提供了特定的 API，通过 API 可以模拟手机触屏，从而执行游戏动作，也可以获取游戏场景识别的结果，从而得到游戏的状态信息。

11.1.1　AI SDK 二次开发框架

1. AI SDK 插件介绍

AI SDK 插件主要包含两部分：Env 插件和 AI 插件。Env 插件通常用来实现与游戏业务相关的一些逻辑，如通过 API 设置图像识别任务并解析游戏状态信息、执行各种游戏动作输出；AI 插件通常用来实现游戏的 AI 算法，如强化学习算法、模仿学习算法、行为树等算法等。通常 AI 插件需要根据 Env 插件得到的游戏状态信息（如游戏图像、游戏中技能状态、血条、角色位置、敌人位置等）决策游戏动作。

AI SDK 中 AI 二次开发框架如图 11-1 所示。

需要注意的是，Env 插件和 AI 插件不是一一对应的关系，一个 AI 插件可以

图 11-1　AI 二次开发框架

对应不同的 Env 插件。如果一些游戏使用同样的 AI 算法，但游戏状态获取方式或动作执行方式存在差异，这种情况下可以使用不同的 Env 插件、同一个 AI 插件。

通过修改 cfg/task/agent/AgentAI.ini 配置文件，可以确定 AI SDK 加载和运行哪个 Env 插件和 AI 插件。假设我们用 AI SDK 开发一款名为"Speed"的游戏 AI，插件代码目录结构如图 11-2 所示，其中 SpeedEnv.py 实现了 Env 插件，SpeedAI.py 实现了 AI 插件。

```
game_ai_sdk
└─src
    └─PlugIn
        └─ai
            └─speed
                    └─ SpeedAI.py
                    └─ SpeedEnv.py
```

图 11-2　Speed 游戏插件代码目录结构

通过修改 cfg/task/agent/AgentAI.ini 配置文件，可以使 AI SDK 加载和运行 Speed

游戏插件，如下所示。

```
[AGENT_ENV]
UsePluginEnv = 1
EnvPackage = speed
EnvModule = SpeedEnv
EnvClass = SpeedEnv

[AI_MODEL]
UsePluginAIModel = 1
AIModelPackage = speed
AIModelModule = SpeedAI
AIModelClass = SpeedAI

[RUN_FUNCTION]
UseDefaultRunFunc = 1
```

1）UsePluginEnv = 1：表示使用 Plugin 目录下的 Env 插件，而非平台内置的 Env 插件。

2）EnvPackage = speed：表示用户开发 Env 插件的 Package 名（在 Python 中 Package 名通常为目录名）为 speed。

3）EnvModule = SpeedEnv：表示用户开发 Env 插件的 Module 名（在 Python 中 Module 名通常为文件名）为 SpeedEnv。

4）EnvClass = SpeedEnv：表示用户开发的 Env 插件的 Class 名（在 Python 中 Class 名通常为类名）为 SpeedEnv。

5）UsePluginAIModel = 1：表示使用 Plugin 目录下的 AI 模型插件。

6）AIModelPackage = speed：表示用户开发 AI 模型插件的 Package 名为 speed。

7）AIModelModule = SpeedAI：表示用户开发 AI 模型插件的 Module 名为 SpeedAI。

8）AIModelClass = SpeedAI：表示用户开发 AI 模型插件的 Class 名为 SpeedAI。

了解了 Env 插件、AI 插件的作用和如何加载和运行后，那么我们该如何开发自己的 Env 插件和 AI 插件呢？AI SDK 平台定义了 Env 插件和 AI 插件的基类，用户继承 Env 插件和 AI 插件的基类，并实现对应的接口，然后通过修改 cfg/task/agent/AgentAI.ini 配置文件，就可以使 AI SDK 平台加载运行我们自己的插件。

2. Env 插件接口

GameEnv 类是 Env 插件的基类，定义了 Env 插件的接口，实现这些接口就完成了 Env 插件的开发。下面介绍 GameEnv 类的主要接口。

（1）Init()

初始化函数：通常需要使用 Action API 初始化动作执行模块，使用 Agent API 初始化识别任务，以及一些内部状态。

（2）Finish()

退出函数：进程结束时调用，通常需要释放模块申请的资源，如 Action API 和 Agent API 等。

（3）DoAction(action)

执行游戏动作：action 为动作参数，需要使用 Action API 来执行游戏动作。

（4）GetActionSpace()

返回函数：返回该游戏 Env 插件支持的动作个数。

（5）GetState()

获取游戏的各种状态信息：可以包括原始图像、血条数据、角色位置等信息，需要使用 Agent API 解析识别结果来获取。

（6）Reset()

重置接口：可以重置 Env 模块内部的一些状态，通常在每局游戏结束时调用，如重置元素的位置、血条数据、技能状态等。

（7）IsEpisodeStart()

游戏对局是否开始：需要根据 Agent API 解析的结果来判断，如解析到某些技能按钮状态时表示游戏对局开始。

（8）IsEpisodeOver()

游戏对局是否结束：需要根据 Agent API 解析的结果来判断，如解析到"游戏胜利"或"游戏失败"状态表示游戏对局结束。

3. AI 插件接口

AIModel 类是 AI 插件的基类，定义了 AI 插件的接口，实现这些接口就完成了

AI 插件的开发。下面介绍 AIModel 类的主要接口。

（1）Init(agentEnv)

初始化 AI 接口：通常可用来初始化自己的 AI 算法。

（2）Finish()

退出接口：在进程结束时调用，通常用来释放模块使用的资源。

（3）OnEpisodeStart()

游戏对局开始事件响应函数：检测到一局游戏开始后，AI 算法的一些操作在此处实现，如一些变量重置等。

（4）OnEpisodeOver()

游戏对局结束事件响应函数：检测到一局游戏结束后，AI 算法的一些操作在此处实现，如一些变量重置或资源释放等。

（5）TrainOneStep()

训练 AI 操作的每一个 step 实现：如果采用强化学习算法，通常需要实现此接口。

（6）TestOneStep()

AI 测试的每一个 step 实现：通常实现 agentEnv 先获取游戏状态数据，然后根据 AI 算法输出对应的游戏操作。

11.1.2 AI SDK 二次开发 API

为了方便用户使用 AI SDK 进行 AI 开发，AI SDK 提供了两组 API，分别是 Agent API 和 Action API。本节会对这两组 API 进行介绍，了解 API 的主要功能，并学会如何使用。

1. Agent API 介绍

通过 Agent API 可以与 GameReg 模块交互，以获取游戏的状态信息。这些信息既包括原始的游戏图像信息，也包括识别到的游戏元素信息，比如游戏画面中的血条、数字、按钮状态、深度网络模型识别到的游戏画面等。总体来讲，通过 Agent API 获取的信息，就是我们开发的 AI 的输入。

下面介绍 Agent API 的主要接口。

（1）Initialize (confFile，referFile)
初始化操作：初始化成功返回 True，初始化失败则返回 False。

confFile：表示 json 格式的任务配置文件。

referFile：表示 json 格式的参考任务配置文件。

（2）SendCmd(cmdID, cmdValue)
发送命令给 GameReg 模块：发送成功返回 True，发送失败则返回 False。

SendCmd 接口参数说明如表 11-1 所示。

cmdID：表示发送给 GameReg 模块的命令 ID。

cmdValue：表示与命令值对应的命令参数。

表 11-1 SendCmd 接口参数说明

cmdID	cmdValue
MSG_SEND_GROUP_ID	识别任务的 group ID 编号
MSG_SEND_TASK_FL	由 taskid 和对应操作（打开任务、关闭任务）构成的列表
MSG_SEND_ADD_TASK	识别任务参数构成的列表
MSG_SEND_DEL_TASK	识别任务 ID 构成的列表
MSG_SEND_CHG_TASK	识别任务参数构成的列表

（3）GetInfo(type)
获取结果：结果的类型（type）有以下几种，如表 11-2 所示。

表 11-2 GetInfo 接口参数说明

type	返回值
CUR_GROUP_TASK_INFO	当前组任务参数列表
CUR_GROUP_INFO	当前组的参数
GAME_RESULT_INFO	识别结果
ALL_GROUP_INFO	所有组的参数

（4）Release()

释放 Agent API 内部资源，在游戏结束时调用。

下面展示一个 AgentAPI 的简单应用例子。首先初始化识别任务，紧接着发送识别命令给识别模块，然后通过 GetInfo 接口获取任务识别结果并打印，最后释放 Agent API 内部资源。

```python
from AgentAPI import AgentAPIMgr
if __name__ == '__main__':
    # step1：AgentAPIMgr 为对外接口类，用于和识别模块交互
    agentAPI = AgentAPIMgr.AgentAPIMgr()

    #step2：初始化：初始化 tbus，加载识别任务配置文件如 task.json，配置文件的介绍详见第 3 章
    ret = agentAPI.Initialize("../cfg/task.json")
    if not ret:
    print('Agent API Init Failed')
    return

#step3：发送识别命令到识别模块，参数介绍请详见第 2 章
ret = agentAPI.SendCmd(AgentAPIMgr.MSG_SEND_GROUP_ID, 1)
if not ret:
    print('send message failed')

while True:
    #step4：获取识别结果
    msgDict = agentAPI.GetInfo(AgentAPIMgr.GAME_RESULT_INFO)
    print(msgDict)
#step5：资源释放
agentAPI.Release()
```

2. Action API 介绍

Action API 封装了对手机进行触屏操作的接口。Action API 能够模拟人类对手机点击、滑动、按压等动作，从而完成在游戏中各种各样的操作。总体来讲，通过 Action API 实现在游戏中的操作，就是我们开发的 AI 的最终输出。

下面介绍 Action API 的主要接口及功能。

（1）Initialize()

Action API 初始化，通常在模块初始化时调用。

（2）Click(p*x*, p*y*, contact=0, frameSeq=-1, durationMS=-1)

点击手机触摸屏。

p*x*，p*y*：点击像素的坐标值。

contact：点击动作的触点 ID。

frameSeq：点击动作对应的帧序号。

durationMS：点击动作耗时，单位为 ms，数值越大则点击持续的时间就越久。

（3）Down(p*x*, p*y*, contact=0, frameSeq=-1, waitTime=0)

按压手机触摸屏。

p*x*，p*y*：按压像素的坐标值。

contact：按压动作的触点 ID。

frameSeq：按压动作对应的帧序号。

waitTime：按压动作之后等待的时间，单位为 ms。

（4）Up(contact, frameSeq=-1, waitTime=0)

与 Down 模拟的按压动作对应，Up 接口对应手机触摸屏按压后的弹起动作。

contact：弹起动作的触点 ID。

frameSeq：弹起动作对应的帧序号。

waitTime：弹起动作之后等待的时间，单位为 ms。

（5）Swipe(s*x*, s*y*, e*x*, e*y*, contact=0, frameSeq=-1, durationMS=50, needUp=True)

在手机触摸屏上滑动。

s*x*, s*y*：滑动动作起始点像素的坐标值。

e*x*, e*y*：滑动动作的终点像素的坐标值。

contact：滑动动作的触点 ID。

frameSeq：滑动动作对应的帧序号。

durationMS：滑动动作的耗时，单位为 ms。

needUp：决定在滑动动作之后自动释放触点，True 为自动释放触点，False 为非自动释放触点。

（6）SwipeMove(p*x*, p*y*, contact=0, frameSeq=-1, durationMS=50)

在手机触摸屏上从当前点滑动到目的点。

p*x*, p*y*：滑动动作终点像素的坐标值。

contact：滑动动作的触点 ID。

frameSeq：滑动动作对应的帧序号。

durationMS：滑动动作的耗时，单位为 ms。

（7）MovingInit(center*X*, center*Y*, radius, contact=0, frameSeq=-1, waitTime=1000)

摇杆滑动动作初始化，在某些游戏（比如 FPS 游戏）中用于控制角色向各个方向移动。

center*X*, center*Y*：摇杆中心点像素坐标值。

radius：摇杆滑动动作的像素半径。

contact：摇杆滑动动作的触点 ID。

frameSeq：初始化动作对应的帧序号。

waitTime：初始化后的等待时间，单位为 ms。

（8）Moving(dirAngle，frameSeq=-1，durationMS=50)

控制摇杆向各个方向滑动。

dirAngle：摇杆滑动的角度，取值为 0～360°。

frameSeq：摇杆滑动动作对应的帧序号。

durationMS：滑动动作的耗时，单位为 ms。

（9）MovingFinish()

释放摇杆滑动动作的触点。

（10）Reset(frameSeq=-1)

重置 Action API 接口，释放所有触点。

frameSeq：重置动作对应的帧序号。

（11）Finish()

释放 Action API 的内部资源，在游戏结束时调用。

下面展示一个 Action API 应用的例子。首先初始化 Action API，然后进行一次点击，最后释放 Action API 的内部资源。

```
from ActionAPI.ActionAPIMgr import ActionAPIMgr
if __name__ == '__main__':
```

```
#step1: ActionAPIMgr 为对外接口类
actionAPI = ActionAPIMgr.ActionAPIMgr()

#step2: 初始化
ret = actionAPI.Initialize()
if not ret:
    print('Action API Init Failed')
    return

#step3: 执行点击动作
actionAPI.Click(px=300, py=400, contact=0)

#step4: 资源释放
actionAPI.Finish()
```

11.2　基于规则的 AI 设计和开发

11.2.1　基于规则的 AI 介绍

基于规则的 AI 方法包括状态机、行为树等，也可以是一些简单的硬编码规则。通过 AI SDK 平台开发基于规则的 AI，通常是根据 Agent API 获取识别到的游戏状态，例如英雄自身位置、野怪位置、自身血量等信息，编写相应的规则。究竟要获取哪些游戏状态信息，取决于我们设计的 AI 规则需要哪些信息。除此之外，我们还需要获取游戏是否开始、是否结束等信息，以便让 AI 框架控制是否输出游戏动作。

本节将针对 Monster 游戏，基于简单的规则开发 AI。在游戏中，野怪会不断出现并朝英雄移动；而玩家可以控制英雄上、下、左、右移动，并攻击野怪。我们开发 AI 的目标就是控制英雄去尽量击杀野怪，直到英雄死亡。正如 11.1 节对 AI SDK 平台二次开发框架的介绍，需要实现 Env 插件和 AI 插件，并修改 AI SDK 配置文件 cfg/task/agent/AgentAi.ini，使 AI SDK 加载和运行这两个插件。

11.2.2　基于规则的 AI 实践

1. 实现 Env 插件

正如前面对 Env 插件的介绍，Env 插件需要实现的功能有两个。

一是通过 Agent API 获取游戏状态信息，本例中我们需要获取的状态信息包括英雄自身位置、野怪位置、英雄血量等。除此之外，我们还要获取游戏是否开始和结束的状态信息。游戏开始，AI 输出触屏动作；游戏结束，AI 则不输出触屏动作。

二是通过 Action API 输出游戏触屏动作，本例中我们需要输出的动作有通过轮盘控制英雄向各个方向移动，通过点击"攻击"按钮进行攻击，点击"恢复"按钮恢复英雄血量。

Monster 游戏输出触屏动作被单独封装成 MonsterAction 类，主要代码如下所示。输出动作都是通过调用 Action API 来实现的。除初始化、退出接口之外，代码主要实现了控制英雄移动、攻击、恢复血量等。

```python
from ActionAPI.ActionAPIMgr import ActionAPIMgr

# 动作像素坐标定义
MOVE_CENTER_X = 205
MOVE_CENTER_Y = 540
MOVE_RADIUS = 180
ATTACK_PX = 1082
ATTACK_PY = 532
RESUME_BLOOD_PX = 1200
RESUME_BLOOD_PY = 428

class MonsterAction(object):
    def __init__(self):
        self.__actionMgr = ActionAPIMgr()
        self.__moveEnable = False

    def Initialize(self):
        return self.__actionMgr.Initialize()

    def Finish(self):
        self.__actionMgr.Finish()

    def ResetAction(self, frameIndex = -1):
        self.__actionMgr.Reset(frameSeq=frameIndex)

    def MoveInit(self, frameIndex = -1):
        self.__actionMgr.MovingInit(MOVE_CENTER_X, MOVE_CENTER_Y, MOVE_RADIUS,
                    contact = 0, frameSeq = frameIndex, waitTime=500)
```

```
        self.__moveEnable = True

    def MoveFinish(self, frameIndex = -1):
        self.__actionMgr.MovingFinish(frameSeq = frameIndex)
        self.__moveEnable = False

    def Move(self, dirAngle, frameIndex = -1):
        # 调用 Action API 的摇杆移动接口控制英雄向各方向移动
        if not self.__moveEnable:
            self.MoveInit(frameIndex)
        self.__actionMgr.Moving(dirAngle, frameSeq = frameIndex)

    def DoAttack(self, frameIndex = -1):
        # 调用 Action API 的 Click 接口实现攻击动作
        self.__actionMgr.Click(ATTACK_PX, ATTACK_PY, contact=1,
                               frameSeq=frameIndex, durationMS=50)

    def DoResumeBlood(self, frameIndex = -1):
        # 调用 Action API 的 Click 接口实现恢复血量动作
        self.__actionMgr.Click(RESUME_BLOOD_PX, RESUME_BLOOD_PY, contact=1,
frameSeq=frameIndex, durationMS=50)
```

Monster 游戏的 Env 插件被实现为 MonsterEnv 类，其继承自 AI SDK 平台的 Env 插件基类 GameEnv，并实现其主要接口。下面介绍 MonsterEnv 类主要接口及功能。

（1）__init__()

创建执行动作 MonsterAction 对象和 Agent API 对象；初始化内部变量，如游戏运行状态和帧序号。

（2）Init()

初始化场景识别任务和动作执行模块。本例中我们配置了 4 个场景识别任务，分别为识别游戏开始、游戏结束、英雄血量、英雄和野怪位置。

（3）Finish()

退出 Agent API 和动作执行模块，释放内部资源。

（4）DoAction()

封装 MonsterAction 类的主要接口，为 AI 插件提供英雄移动、攻击、恢复血量动作的接口。本例中参数类型为字典类型，根据 key 值来决定动作类型。

（5）GetState()

通过 Agent API 解析场景识别结果，获取英雄位置、野怪位置、血量等状态信息。

（6）IsEpisodeStart()

通过 Agent API 解析场景识别结果，判断游戏是否已经开始。

（7）IsEpisodeOver()

通过 Agent API 解析场景识别结果，判断游戏是否已经结束。

其他接口主要是对场景识别结果进行解析，其中 _GetTemplateState() 接口对模板匹配类型任务的结果进行解析，本例中是对游戏开始、结束状态进行解析；_GetSenceInfo() 接口对场景中目标检测类型任务的结果进行解析，本例中是对英雄和野怪位置进行解析。Env 插件被实现为 MonsterEnv 类的主要代码如下。

```python
import time
from agentenv.GameEnv import GameEnv
from AgentAPI import AgentAPIMgr
from util import util
from .MonsterAction import MonsterAction

# 游戏场景识别任务配置文件
TASK_CFG_FILE = 'cfg/task/gameReg/Task.json'
REG_GROUP_ID = 1
BEGIN_TASK_ID = 1          # 游戏开始识别任务 ID
OVER_TASK_ID = 2           # 游戏结束识别任务 ID
BLOOD_TASK_ID = 3          # 血量识别任务 ID
SCENE_TASK_ID = 4          # 英雄和野怪位置识别任务 ID

GAME_STATE_INVALID = 0
GAME_STATE_RUN = 1
GAME_STATE_OVER = 2

ATTACK_ACTION = 0
RESUME_ACTION = 1

class MonsterEnv(GameEnv):
    # 构造函数
    def __init__(self):
        GameEnv.__init__(self)
```

```
            self.__frameIndex = -1
            self.__gameState = GAME_STATE_INVALID
            self.__isTerminal = True                          # 游戏是否处于结束状态
            self.__actionMonster = MonsterAction()            # 创建执行动作对象
            self.__agentAPI = AgentAPIMgr.AgentAPIMgr()       # 创建场景识别对象

    # 初始化函数，通常初始化动作模块和识别模块
    def Init(self):
        taskCfgFile = util.ConvertToSDKFilePath(TASK_CFG_FILE)
        self.__agentAPI.Initialize(taskCfgFile)
        self.__agentAPI.SendCmd(AgentAPIMgr.MSG_SEND_GROUP_ID, REG_GROUP_ID)
        self.__actionMonster.Initialize()
        return True

    # 退出函数
    def Finish(self):
        self.__agentAPI.Release()
        self.__actionMonster.Finish()

    # 输出游戏动作
    def DoAction(self, action):
        moveAngle = action.get('MoveAction')
        if moveAngle is not None:
            if moveAngle < 0:
                self.__actionMonster.MoveFinish(self.__frameIndex)
            else:
                self.__actionMonster.Move(moveAngle, self.__frameIndex)

        actionID = action.get('SelfAction')
        if actionID is not None:
            if actionID == ATTACK_ACTION:
                self.__actionMonster.DoAttack(self.__frameIndex)
            elif actionID == RESUME_ACTION:
                self.__actionMonster.DoResumeBlood(self.__frameIndex)

    # 根据识别模块 API 获取游戏状态信息，并返回状态信息
    def GetState(self):
        agentPos, enemyPos, blood = self._GetGameInfo()
        if self.__gameState == GAME_STATE_OVER:
            self.__isTerminal = True

        return agentPos, enemyPos, blood

    # 重置游戏状态，通常可以在每局游戏结束或开始时调用
```

```python
    def Reset(self):
        self.__actionMonster.MoveFinish(self.__frameIndex)
        self.__actionMonster.ResetAction()

    # 根据识别模块获取的信息，判断游戏对局是否开始
    def IsEpisodeStart(self):
        self._GetGameInfo()
        if self.__gameState == GAME_STATE_RUN:
            self.__isTerminal = False
            return True

        return False

    # 根据识别模块获取的信息，判断游戏对局是否结束
    def IsEpisodeOver(self):
        return self.__isTerminal

    # 获取 taskID 对应的识别结果
    def _GetTemplateState(self, resultDict, taskID):
        state = False
        px = -1
        py = -1
        regResults = resultDict.get(taskID)
        if regResults is None:
            return (state, px, py)

        for item in regResults:
            flag = item['flag']
            if flag:
                x = item['boxes'][0]['x']
                y = item['boxes'][0]['y']
                w = item['boxes'][0]['w']
                h = item['boxes'][0]['h']

                state = True
                px = int(x + w/2)
                py = int(y + h/2)
                break

        return (state, px, py)

    # 获取游戏场景中 agent 和野怪位置信息
    def _GetSenceInfo(self, resultDict, taskID):
        agentPos = []
```

```
        enemyPos = []

        regResults = resultDict.get(taskID)
        if regResults is None:
            return agentPos, enemyPos

        for result in regResults:
            if not result:
                continue

            if result['flag'] is False:
                continue

            for item in result['boxes']:
                classInfo = item['classID']
                score = item['score']
                x = item['x']
                y = item['y']
                w = item['w']
                h = item['h']
                if classInfo == 0:   #agent
                    agentPos.append((x, y, w, h))
                elif classInfo == 1: #enemy
                    enemyPos.append((x, y, w, h))

        return agentPos, enemyPos

# 根据识别模块 API 获取识别的游戏状态信息
def _GetGameInfo(self):
    gameInfo = None

    while True:
        gameInfo = self.__agentAPI.GetInfo(AgentAPIMgr.GAME_RESULT_INFO)
        if gameInfo is None:
            time.sleep(0.002)
            continue

        result = gameInfo['result']
        if result is None:
            time.sleep(0.002)
            continue

        self.__frameIndex = gameInfo['frameSeq']
        flag, _, _ = self._GetTemplateState(result, BEGIN_TASK_ID)
```

```
        if flag is True:
            self.__gameState = GAME_STATE_RUN
        flag, _, _ = self._GetTemplateState(result, OVER_TASK_ID)
        if flag is True:
            self.__gameState = GAME_STATE_OVER
        agentPos, enemyPos = self._GetSenceInfo(result, SCENE_TASK_ID)
        blood = None
        if result.get(BLOOD_TASK_ID) is not None:
            blood = result.get(BLOOD_TASK_ID)[0]
        if blood is None:
            continue
        else:
            break

    return agentPos, enemyPos, blood
```

2. 实现 AI 插件

Monster 游戏中 AI 插件要实现的 AI 规则很简单，即控制英雄向距离其最近的野怪移动，并在移动中不断攻击野怪；如果英雄血量低于 30，就尝试点击"恢复"按钮恢复血量。除了上述 AI 规则外，AI 插件中还需要实现游戏开始、游戏结束的事件响应函数。通常，游戏开始响应函数会重置一些 AI 内部状态变量，游戏结束响应函数会重置动作执行模块。

下面介绍 MonsterAI 类主要接口及功能。

（1）Init()
初始化 AI 插件所需要的功能模块。

（2）OnEpisodeStart()
游戏开始事件响应函数，当 Env 插件中 IsEpsiodeStart() 返回 True 时，触发该函数的调用，主要用来设置一些 AI 实现过程中的内部变量。

（3）OnEpisodeOver()
游戏结束事件响应函数，当 Env 插件中 IsEpsiodeOver() 返回 True 时，触发该函数的调用，通常用来重置一些 AI 实现过程中的内部变量，如重置 Env 插件中实现触屏动作输出的模块等。

（4）TestOneStep()

调用 Env 插件的 GetState() 获取游戏的英雄位置、野怪位置、血量等信息，并根据这些状态信息实现 AI 规则。

```python
import time
from aimodel.AIModel import AIModel
from agentenv.GameEnv import GameEnv

ATTACK_ACTION = 0
RESUME_ACTION = 1

class MonsterAI(AIModel):
    def __init__(self):
        AIModel.__init__(self)
        self.__resumeTime = time.time()

    # 初始化函数，参数 agentEnv 为 Env 插件类实例对象
    def Init(self, agentEnv):
        self.__agentEnv = agentEnv
        return True

    # 退出函数
    def Finish(self):
        pass

    # 检测到每一局游戏开始后，AI 操作可以在此处实现，如一些变量的重置等
    def OnEpisodeStart(self):
        self.__resumeTime = time.time()

    # 检测到每一局游戏结束后，AI 操作可以在此处实现
    def OnEpisodeOver(self):
        self.__agentEnv.Reset()

    # 训练 AI 操作的每一个 step 实现，基于规则的 AI 无须训练，不需要实现此接口
    def TrainOneStep(self):
        pass

    #AI 测试的每一个 step 实现
    def TestOneStep(self):
        agentPos, enemyPos, blood = self.__agentEnv.GetState()
        if len(agentPos) == 0 or len(enemyPos) == 0:
            self.__agentEnv.DoAction({'MoveAction': -1})
            return
```

```
# 计算距离英雄最近的野怪位置和该野怪的方向
nearestEnemyPos = self._GetNearestEnemy(agentPos[0], enemyPos)
moveAngle = self._GetDestAngle(agentPos[0], nearestEnemyPos)
self.__agentEnv.DoAction({'MoveAction': moveAngle,
                          'SelfAction': ATTACK_ACTION})

now = time.time()
if blood < 30 and (now - self.__resumeTime) > 5:
    self.__agentEnv.DoAction({'SelfAction': RESUME_ACTION}})
    self.__resumeTime = now
```

11.3　基于模仿学习的 AI 设计和开发

11.3.1　基于模仿学习的 AI 介绍

如果我们想使用模仿学习算法自行开发 AI，那么应该怎么做呢？我们需要有训练样本，还要设计网络模型并对样本进行训练。除此之外，还需要实现模仿学习的 AI 插件和 Env 插件，让 AI SDK 运行训练好的模型。总结起来，我们需要实施图 11-3 所示的几个步骤。

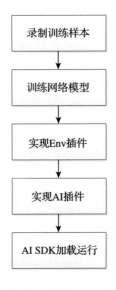

图 11-3　基于模仿学习开发 AI 的流程

本节我们介绍如何自己开发基于模仿学习的 AI——Speed 赛车游戏。

11.3.2　基于模仿学习的 AI 实践

1. 录制训练样本

通过 AI SDK 内置的 SDK Tool 帮我们录制模仿学习的样本，录制的样本中包含游戏图片和图片对应的动作。Speed 游戏除控制赛车向左、向右移动两个动作之外我们还需要一个"空动作"，即什么都不做的动作，保持赛车向当前方向移动。所以，录制的 Speed 游戏样本的动作定义文件 action_speed.json 如下。

```
"screenHeight": 360,
"screenWidth": 640,
"actions": [
{
        "startRectx": 15,
        "startRecty": 222,
        "width": 90,
        "height": 117,
        "type": 3,
        "id": 0,
        "name": "left"
},
{
        "startRectx": 121,
        "startRecty": 222,
        "width": 90,
        "height": 118,
        "type": 3,
        "id": 1,
        "name": "right"
},
{
        "type": 0,
        "id": 2,
```

```
            "name": "None"
            }
        ]
    }
```

准备好动作定义文件和样本录制配置文件，就可以开始录制模仿学习样本了。连接好手机，启动游戏，然后运行录制工具。游戏进入对局后，开始录制，就像平时玩游戏一样操作就可以；游戏对局结束后，要及时停止样本录制，否则会录制出很多无效样本。录制完一局游戏后，会生成一个目录，里面存放了一些样本图片和一个 csv 文件。csv 文件的每一行就是一条训练样本，其中第 1 列是样本游戏图片的路径，第 2 列是图片对应的游戏动作 ID，第 3 列是游戏动作的名称。csv 样本文件格式如图 11-4 所示。

output/Speed/2019-09-27_14_13_10/2019-09-27_14_13_10_640X360_14.jpg	2	None
output/Speed/2019-09-27_14_13_10/2019-09-27_14_13_10_640X360_15.jpg	2	None
output/Speed/2019-09-27_14_13_10/2019-09-27_14_13_10_640X360_16.jpg	2	None
output/Speed/2019-09-27_14_13_10/2019-09-27_14_13_10_640X360_17.jpg	2	None
output/Speed/2019-09-27_14_13_10/2019-09-27_14_13_10_640X360_18.jpg	0	left
output/Speed/2019-09-27_14_13_10/2019-09-27_14_13_10_640X360_19.jpg	0	left
output/Speed/2019-09-27_14_13_10/2019-09-27_14_13_10_640X360_20.jpg	0	left
output/Speed/2019-09-27_14_13_10/2019-09-27_14_13_10_640X360_21.jpg	0	left
output/Speed/2019-09-27_14_13_10/2019-09-27_14_13_10_640X360_22.jpg	1	right
output/Speed/2019-09-27_14_13_10/2019-09-27_14_13_10_640X360_23.jpg	1	right
output/Speed/2019-09-27_14_13_10/2019-09-27_14_13_10_640X360_24.jpg	1	right
output/Speed/2019-09-27_14_13_10/2019-09-27_14_13_10_640X360_25.jpg	2	None
output/Speed/2019-09-27_14_13_10/2019-09-27_14_13_10_640X360_26.jpg	2	None

图 11-4   csv 样本文件格式

2. 训练网络模型

仔细观察 Speed 游戏画面，发现画面右上角是游戏的小地图。小地图中包含了赛道信息，我们控制的赛车位于小地图中间，通过赛道就可以知道赛车是向左还是向右。游戏中小地图画面如图 11-5 所示。

图 11-5　Speed 游戏小地图

　　那么将小地图图像作为网络模型输入，而不是完整的游戏图像可以吗？答案是肯定的，事实上由于小地图图像更简单，且包含了赛道和赛车信息，这些信息足够用来决策赛车该向左还是向右。为了提升游戏趣味性，游戏通常会制作很多特效，但这让游戏画面非常复杂，如果使用完整的游戏图像作为网络模型输入，会非常难于训练。因此，以小地图图像作为网络模型输入，会使训练更简单，需要的样本更少，也是我们在采用模仿学习训练 AI 时的一个技巧，即选取尽量简单的特征来训练。

　　我们采用卷积神经网络 CNN 来训练模型，构建神经网络的实例代码如下。

```
def CreateNetwork(self):
    #input layer
    self.input_layer = tf.placeholder(tf.float32,
                shape = [None, img_size, img_size, img_channel],
                name ='input')

    #action label
    self.label = tf.placeholder(tf.float32,
                shape = [None, action_space],
                name = 'label')

    W_conv1 = self.WeightVariable([3, 3, 4, 32])
    b_conv1 = self.BiasVariable([32])
    h_conv1 = tf.nn.relu(self.Conv2d(self.input_layer, W_conv1, 1) + b_conv1)

    h_pool1 = self.MaxPool2x2(h_conv1)

    W_conv2 = self.WeightVariable([2, 2, 32, 16])
    b_conv2 = self.BiasVariable([16])
```

```
h_conv2 = tf.nn.relu(self.Conv2d(h_pool1, W_conv2, 1) + b_conv2)

W_conv3 = self.WeightVariable([1, 1, 16, 16])
b_conv3 = self.BiasVariable([16])
h_conv3 = tf.nn.relu(self.Conv2d(h_conv2, W_conv3, 1) + b_conv3)

h_conv3_flat = tf.reshape(h_conv3, [-1, 10000])

W_fc1 = self.WeightVariable([10000, 1024])
b_fc1 = self.BiasVariable([1024])
h_fc1 = tf.nn.relu(tf.matmul(h_conv3_flat, W_fc1) + b_fc1)

W_fc2 = self.WeightVariable([1024, action_space])
b_fc2 = self.BiasVariable([action_space])
h_fc2 = tf.matmul(h_fc1, W_fc2) + b_fc2

self.pred = tf.nn.softmax(h_fc2)

cross_entropy = tf.nn.softmax_cross_entropy_with_logits(logits = h_fc2,
    labels = self.label)

self.cost = tf.reduce_mean(cross_entropy)

self.optimizer = tf.train.AdamOptimizer(learning_rate=2.5e-5).minimize(self.cost)
```

模型很简单，采用卷积层和池化层来提取特征，softmax 用来预测游戏动作，Adam 优化器进行优化训练。

3. Env 插件实现

Env 插件实现主要是通过 Agent API 获取游戏状态信息，本例中获取的是游戏的小地图信息，此外还获取游戏是否开始、结束等信息；另外需要通过 Action API 实现游戏的动作输出。

判断游戏是否开始、结束等信息的方法和上一章节类似，此处不再赘述。获取游戏小地图信息的实例代码如下。

```
# 根据识别模块 API 获取游戏状态信息，并返回状态信息
def GetState(self):
    #get game data , image and state
    gameInfo = self._GetGameInfo()
```

```
    self.__frameIndex = gameInfo['frameSeq']
    image = gameInfo['image']
    state = self.__gameState
    img = cv2.cvtColor(image, cv2.COLOR_BGR2GRAY)

    self.__isTerminal = True
    if state == GAME_STATE_RUN:
        self.__isTerminal = False

    return img

# 根据识别模块 API 获取识别的游戏状态信息
def _GetGameInfo(self):
    gameInfo = None
    result = None

    while True:
        gameInfo = self.__agentAPI.GetInfo(AgentAPIMgr.GAME_RESULT_INFO)
        if gameInfo is None:
            time.sleep(0.002)
            continue

        result = gameInfo['result']
        if result is None:
            time.sleep(0.002)
            continue
        else:
            break

        flag, _, _ = self._GetTemplateState(result, BEGIN_TASK_ID)
        if flag is True:
            self.__gameState = GAME_STATE_RUN

        flag, _, _ = self._GetTemplateState(result, WIN_TASK_ID)
        if flag is True:
            self.__gameState = GAME_STATE_WIN

        flag, _, _ = self._GetTemplateState(result, LOSE_TASK_ID)
        if flag is True:
            self.__gameState = GAME_STATE_LOSE

        return gameInfo
```

如前面所述 Speed 游戏需要输出三个动作：一个控制向左，一个控制向右，一个不做任何操作。对外输出动作的代码如下。

```
# 游戏动作个数
def GetActionSpace(self):
    return 3


# 输出游戏动作
def DoAction(self, action):
    if action == 0:
        #执行点击动作1
        self.__actionMgr.Click(140, 570, contact=0, frameSeq=self.__
            frameIndex, durationMS=100)
    elif action == 1:
        #执行点击动作2
        self.__actionMgr.Click(300, 570, contact=0, frameSeq=self.__
            frameIndex, durationMS=100)
    elif action == 2:
        # 不进行任何动作
        pass
```

4. AI 插件实现

AI 插件实现主要是调用 Env 插件接口，获取游戏小地图信息，然后根据训练好的模仿学习模型进行动作预测。此外，还要实现游戏开始、游戏结束等响应函数，对内部状态进行重置。

```
class SpeedAI(AIModel):
    def __init__(self):
        AIModel.__init__(self)
        self.network = SpeedNetwork()
        self.imgList = []

    def Init(self, agentEnv):
        self.agentEnv = agentEnv
        self.actionTime = 0.1
        self.network.Init()
        return True

    def Finish(self):
        self.network.Finish()

    def OnEpisodeStart(self):
```

```
        self.imgList = []

    def OnEpisodeOver(self):
        self.agentEnv.Reset()

    def TestOneStep(self):
        begin = time.time()
        image, _, _ = self.agentEnv.GetState()
        self.imgList.append(image)
        if len(self.imgList) < 4:
            return

        if len(self.imgList) > 4:
            self.imgList.pop(0)

        inputState = np.stack(self.imgList, axis = 2)
        action = self.network.Predict(inputState)
        self.agentEnv.DoAction(action)

        end = time.time()
        timePass = end - begin
        if timePass < self.actionTime:
            time.sleep(self.actionTime - timePass)
```

我们的游戏训练样本是以 10 帧 / 秒的频率录制的，即每秒记录 10 个动作，那么
AI 的动作执行频率也应该保持一致。所以，在上述代码中，在执行动作输出时，加入
了帧率控制。

11.4　基于强化学习的 AI 设计和开发

11.4.1　基于强化学习的 AI 介绍

相比于基于规则和模仿学习的 AI，基于强化学习的 AI 要更复杂一些。正如前面
章节关于强化学习的介绍，强化学习的训练需要 Agent 和实际环境进行交互，不断尝
试各种动作并收到环境的 Reward，根据 Reward 不断优化自身的策略函数。

通常情况下，基于强化学习的 AI 需要 Agent 和游戏环境大量交互才能完成。在

游戏 AI 领域，Agent 就是我们控制的智能体，智能体可以是赛车游戏中的赛车，枪战游戏中的英雄角色等；交互就是 Agent 在游戏环境执行动作，导致环境状态变化，比如被控制角色在游戏中移动，那么游戏环境就发生了变化，因为角色的位置改变了；Reward 需要根据游戏环境中某些状态信息计算得到，比如可以根据赛车游戏中的赛车速度计算得到，如果速度减小，那么可能是因为赛车撞到了障碍物，这个时候给予 Agent 负向的 Reward；如果速度增加或保持高速运行，说明赛车行驶正常，这个时候就给予 Agent 正向的 Reward。

我们仍以 Speed 游戏为例，介绍如何通过 DQN 强化学习的方法实现游戏 AI。

11.4.2　基于强化学习的 AI 实践

1. Env 插件实现

与模仿学习 Env 插件类似，本例中强化学习 Env 插件实现也需要通过 Agent API 获取游戏的状态信息，并通过 Action API 执行游戏动作。由于强化学习需要 Reward 来评价动作的好坏，所以本例中还需要在 Env 插件中计算 Reward，主要是参考游戏赛车的速度来计算 Reward。计算 Reward 的方法如下。

1）速度每增加 20，给予 0.1 的 Reward。

2）速度每减少 20，给予 –0.1 的 Reward。

3）速度大于 180，给予 0.5 的 Reward。

4）速度小于 50，给予 –1.0 的 Reward。

获取游戏状态信息的代码如下。

```
class SpeedEnv(GameEnv):
    def __init__(self):
        GameEnv.__init__(self)

# 根据识别模块获取的信息，判断游戏对局是否开始
    def IsEpisodeStart(self):
        self._GetGameInfo()
        if self.__gameState == GAME_STATE_RUN:
```

```
            self.__isTerminal = False
            return True

        return False

    # 根据识别模块获取的信息，判断游戏对局是否结束
    def IsEpisodeOver(self):
        return self.__isTerminal

    # 根据识别模块接口，获取游戏状态信息 , reward 和游戏是否结束状态
    def GetState(self):
        gameInfo = self._GetGameInfo()
        speed = gameInfo['result'].get(DATA_TASK_ID)[0][0]
        image = gameInfo['image']
        self.__frameIndex = gameInfo['frameSeq']
        state = self.__gameState

        img = cv2.cvtColor(image, cv2.COLOR_BGR2GRAY)
        img = img[self.__beginRow:self.__endRow, self.__beginColumn:self.__endColumn]

        img = cv2.resize(img, (144, 144))
        reward = self._CaculateReward(speed)

        self.__isTerminal = True
        if state == GAME_STATE_LOSE:
            reward = self.__loseReward
        elif state == GAME_STATE_WIN:
            reward = self.__winReward
        elif state == GAME_STATE_RUN:
            self.__isTerminal = False
        else:
            pass

        return img, reward, self.__isTerminal


    def _GetGameInfo(self):
        gameInfo = None

        while True:
            gameInfo = self.__agentAPI.GetInfo(AgentAPIMgr.GAME_RESULT_INFO)
            if gameInfo is None:
                time.sleep(0.002)
                continue
```

```
        result = gameInfo['result']
        if result is None:
            time.sleep(0.002)
            continue

        flag, _, _ = self._GetTemplateState(result, BEGIN_TASK_ID)
        if flag is True:
            self.__gameState = GAME_STATE_RUN

        flag, _, _ = self._GetTemplateState(result, WIN_TASK_ID)
        if flag is True:
            self.__gameState = GAME_STATE_WIN

        flag, _, _ = self._GetTemplateState(result, LOSE_TASK_ID)
        if flag is True:
            self.__gameState = GAME_STATE_LOSE

        data = None
        if result.get(SPEED_TASK_ID) is not None:
            data = result.get(BLOOD_TASK_ID)[0]

        if data is None:
            continue
        else:
            break
    return gameInfo
```

计算 Reward 的代码如下。

```
# 根据速度计算 reward
def _CaculateReward(self, curSpeed):
    reward = 0

    if abs(curSpeed - self.__lastRewardSpeed) >= 20:
        sections = int((curSpeed - self.__lastRewardSpeed)/20)
        reward = sections * 0.1

        self.__lastRewardSpeed = curSpeed

        if reward > self.__maxRunningReward:
            reward = self.__maxRunningReward
        elif reward < self.__minRunningReward:
            reward = self.__minRunningReward
```

```
if curSpeed > 180:
    reward = 1.0

if curSpeed < 50:
    reward = -1.0

return reward
```

由于游戏 AI 执行动作的代码和模仿学习一样，此处不再赘述。

2. AI 插件实现

在训练阶段，强化学习中 AI 插件实现主要是根据 Env 插件返回的状态信息和 Reward，通过执行动作与游戏环境大量交互，逐步训练出 AI 模型；在测试阶段，AI 插件实现主要是根据 Env 插件返回的状态信息，预测出要执行的动作，调用 Env 插件的 DoAction 动作接口来执行游戏动作。

DQN 算法在前面章节已经介绍过，此处不再介绍其详细原理。其构建神经网络的主要代码如下。

```
class DoubleDQN(QNetwork):
    def __init__(self, args):
        QNetwork.__init__(self, args)

    # 创建 DQN 网络模型
    def Create(self):
        # 初始化 current Q network
        with tf.name_scope('Q_Network'):
            self.stateInput, self.QValue, self.networkParams = self._BuildNet()

        # 初始化 Target Q Network
        with tf.name_scope('Target_Q_Network'):
            self.stateInputT, self.QValueT, self.networkParamsT = self._BuildNet()

        self.copyTargetQNet = []
        with tf.name_scope('copy'):
            for i in range(0, len(self.networkParams)):
                paramsT = self.networkParamsT[i]
                params = self.networkParams[i]
```

```
                    syncOp = paramsT.assign(params)
                    self.copyTargetQNet.append(syncOp)

            self._InitTrainOpt()

    # 训练 DQN 网络模型
    def Train(self):
        # 从 replay memory 中获取小批量随机样本
        minibatch = self.memory.Random(self.miniBatchSize)

        stateBatch = [data[0] for data in minibatch]
        actionBatch = [data[1] for data in minibatch]
        rewardBatch = [data[2] for data in minibatch]
        nextStateBatch = [data[3] for data in minibatch]
        terminalBatch = [data[4] for data in minibatch]

        # 根据样本和网络模型预测
        yBatch = []
        qValueBatch = self.QValue.eval(feed_dict={self.stateInput : nextStateBatch})
        actionIndexBatch = [np.argmax(qv) for qv in qValueBatch]
        qValueTBatch = self.QValueT.eval(feed_dict={self.stateInputT : nextStateBatch})

        for i in range(0, self.miniBatchSize):
            terminal = terminalBatch[i]
            if terminal:
                yBatch.append(rewardBatch[i])
            else:
                actionIndex = actionIndexBatch[i]
                yBatch.append(rewardBatch[i] + self.gama * qValueTBatch[i][actionIndex])

        self.trainOptimizer.run(feed_dict={self.yInput : yBatch,
                                    self.actionInput : actionBatch,
                                    self.stateInput : stateBatch})

        # 每训练 10000 次，保存一次模型
        if self.trainStep % 10000 == 0 and self.trainStep != 0:
            self.Save()

        if self.trainStep % self.qnetUpdateStep == 0:
            self.session.run(self.copyTargetQNet)
        self.trainStep += 1

    # 输入 state，根据当前网络预测 QValue
    def EvalQValue(self, state):
```

```
        qValue = self.QValue.eval(feed_dict={self.stateInput : [state]})[0]
        return qValue



    # 构建 DQN 网络
    def _BuildNet(self):
        with tf.name_scope('input_layer'):
            stateInput = tf.placeholder("float", [None, 144, 144, 4])
        with tf.name_scope('conv_layer1'):
            with tf.name_scope('weights'):
                W_conv1 = self.WeightVariable([8, 8, 4, 32])
            with tf.name_scope('biases'):
                b_conv1 = self.BiasVariable([32])
            h_conv1 = tf.nn.relu(self.Conv2d(stateInput, W_conv1, 4) + b_conv1)

        with tf.name_scope('pool_layer1'):
            h_pool1 = self.MaxPool2x2(h_conv1)

        with tf.name_scope('conv_layer2'):
            with tf.name_scope('weights'):
                W_conv2 = self.WeightVariable([5, 5, 32, 64])
            with tf.name_scope('biases'):
                b_conv2 = self.BiasVariable([64])
            h_conv2 = tf.nn.relu(self.Conv2d(h_pool1, W_conv2, 3) + b_conv2)

        with tf.name_scope('conv_layer3'):
            with tf.name_scope('weights'):
                W_conv3 = self.WeightVariable([3, 3, 64, 128])
            with tf.name_scope('biases'):
                b_conv3 = self.BiasVariable([128])
            h_conv3 = tf.nn.relu(self.Conv2d(h_conv2, W_conv3, 1) + b_conv3)
            h_conv3_flat = tf.reshape(h_conv3, [-1, 4608])

        with tf.name_scope('fc_layer1'):
            with tf.name_scope('weights'):
                W_fc1 = self.WeightVariable([4608, 512])
            with tf.name_scope('biases'):
                    b_fc1 = self.BiasVariable([512])
                    h_fc1 = tf.nn.relu(tf.matmul(h_conv3_flat, W_fc1) + b_fc1)

        with tf.name_scope('q_value_layer'):
            with tf.name_scope('weights'):
                W_fc2 = self.WeightVariable([512, self.actionSpace])
            with tf.name_scope('biases'):
```

```
            b_fc2 = self.BiasVariable([self.actionSpace])
        QValue = tf.matmul(h_fc1, W_fc2) + b_fc2

        networkParams = [W_conv1, b_conv1, W_conv2, b_conv2, W_conv3, b_conv3,
            W_fc1, b_fc1, W_fc2, b_fc2]
        return stateInput, QValue, networkParams

    # 初始化训练 cost 和优化器
    def _InitTrainOpt(self):
        with tf.name_scope('cost'):
            self.actionInput = tf.placeholder("float", [None, self.actionSpace])
            self.yInput = tf.placeholder("float", [None])

            qAction = tf.reduce_sum(tf.multiply(self.QValue, self.actionInput),
                reduction_indices=1)
            self.cost = tf.reduce_mean(tf.square(self.yInput - qAction))

        with tf.name_scope('train'):
            self.trainOptimizer = tf.train.AdamOptimizer(self.lr).minimize(self.cost)

class BrainDQN(object):
    def __init__(self, args):
        self.actionSpace = args['action_space']
        self.statePerAction = args['frame_per_action']
        self.observeState = args['observe_frame']
        self.exploreState = args['explore_frame']
        self.initialEpsilon = args['initial_epsilon']
        self.finalEpsilon = args['final_epsilon']

        self.epsilon = self.initialEpsilon
        self.stateStep = 0
        self.qNetWork = DoubleDQN(args)

    # 当样本量超过一定数量时，开始训练
    def Learn(self):
        if self.stateStep > self.observeState:
            self.qNetWork.Train()

    # 根据当前网络获取动作
    def GetAction(self):
        action = np.zeros(self.actionSpace, np.uint8)
        actionIndex = 0

        if self.stateStep % self.statePerAction == 0:
```

```
        if random.random() <= self.epsilon:
            actionIndex = random.randrange(self.actionSpace)
            action[actionIndex] = 1
        else:
            qValue = self.qNetWork.EvalQValue(self.currentState)
                actionIndex = np.argmax(qValue)
            action[actionIndex] = 1
    else:
        action[0] = 1 # do nothing

    return action

# 将 s,a,r,t 存储到 replay memory 中
def SetPerception(self, nextState, action, reward, terminal):
    self.qNetWork.StoreTransition(action, reward, nextState, terminal)

    nextState = np.reshape(nextState, (144, 144, 1))
    self.currentState = np.append(self.currentState[:, :, 1:], nextState, axis=2)

    self.stateStep += 1

    # 改变随机动作概率 episilon 值
    if self.epsilon > self.finalEpsilon and self.stateStep > self.observeState:
        self.epsilon -= (self.initialEpsilon - self.finalEpsilon)/self.exploreState

# 首次运行时，初始化当前 state
def InitState(self, state):
    recetStates = [state for _ in range(0, 4)]
    self.currentState = np.stack(recetStates, axis=2)
```

AI 插件实现的主要代码如下。

```
class SpeedAI(AIModel):
    def __init__(self):
        AIModel.__init__(self)

    def Init(self, agentEnv):
        self.agentEnv = agentEnv
        self.actionSpace = self.agentEnv.GetActionSpace()
        learnArgs = self._LoadDQNPrams()
        self.trainFPS = learnArgs['train_frame_rate']
        self.timePerFrame = 1.0/self.trainFPS
        self.firstRunning = 0
        self.testAgent = False
```

```python
        self.brain = BrainDQN(learnArgs)
        return True

    def Finish(self):
        pass

    def _FrameStep(self, action):
        actionIndex = np.argmax(action)
        self.agentEnv.DoAction(actionIndex)
        # 训练 DQN 网络
        if self.testAgent != True:
            self.brain.Learn()

        timeNow = time.time()
        timePassed = timeNow - self.lastFrameTime
        if timePassed < self.timePerFrame:
            timeDelay = self.timePerFrame - timePassed
            time.sleep(timeDelay)

        img, reward, terminal = self.agentEnv.GetState()
        self.lastFrameTime = time.time()
        return img, reward, terminal

    def _RunOneStep(self):
        if self.firstRunning == 0:
            action = np.zeros(self.actionSpace, np.uint8)
            action[0] = 1   # 输出空动作
        else:
            action = self.brain.GetAction()

        nextObservation, reward, terminal = self._FrameStep(action)
        if not terminal:
            if self.firstRunning == 0:
                self.brain.InitState(nextObservation)
                self.firstRunning = 1
            else:
                self.brain.SetPerception(nextObservation, action, reward, False)
        else:
            self.brain.SetPerception(nextObservation, action, reward, True)

    def OnEpisodeStart(self):
        self.lastFrameTime = time.time()

    def OnEpisodeOver(self):
```

```
        self.agentEnv.Reset()

    def TrainOneStep(self):
        self.testAgent = False
        self._RunOneStep()

    def TestOneStep(self):
        self.testAgent = True
        self._RunOneStep()
```

11.5　本章小结

　　本章主要介绍了如何通过 AI SDK 来开发自己的游戏 AI。首先，介绍了 AI SDK 开发 AI 的框架和开发过程中用到的 API 接口；然后，依次介绍了基于规则、基于模仿学习、基于强化学习的 AI 实现步骤，并用基于规则的方法实现了 Monster 游戏 AI，及模仿学习和强化学习方法实现了 Speed 赛车游戏 AI。在实践中，我们需要根据游戏的特点和自己的需要选择合适的算法或者算法组合进行 AI 的二次开发。

3

最佳实践篇

游戏 AI 是自动化测试的重要组成部分，随着 AI 技术的不断发展，越来越多的测试任务可以通过 AI 完成，有效降低了人力和时间成本。

最佳实践篇主要讲解了如下几方面的内容。

- ❑ 手机兼容性测试，包括多尺度目标检测、基于 UI 的动作传递以及 UI 自动探索游戏场景的方法。
- ❑ 自动化 Bug 检测的几种算法，包括贴图丢失、角色穿墙检测以及异常碰撞检测。
- ❑ 自动机器学习，包括自动机器学习的介绍，如何搜索网络最优参数，以及 NNI 的安装和使用。

第 12 章

手机游戏兼容性测试

本章将介绍手机游戏兼容性测试，以及一些基于图像的目标检测的基础概念。目标检测是兼容性测试的基础，可以采用模板匹配或深度学习网络。针对兼容性测试，目标检测框架需要在多分辨率手机上实现通用性。随后，本章将介绍基于 UI 的动作传递算法，其能根据人工录制的 UI 测试样本复现测试流程，操作简单，不需要复杂的配置工作。最后，本章讲解了 UI 自动探索游戏场景的相关知识，主要实现 UI 场景的探索和 UI 按钮的自动点击，其中核心内容为按钮的检测和场景的识别。

12.1 基于图像的兼容性测试

在自动化测试中，目标检测是基于图像的兼容性测试的基础，但由于多分辨率手机中待检测的目标存在尺度、光照和视角的变化，因此，目标检测是极具挑战的任务。图 12-1 展示了游戏中不同尺度的游戏图像，可见这些样本中同一类目标具有较大的差异。基于传统卷积网络的目标检测的方法能达到较好的检测效果，但是由于每个卷积核与所有特征相关联，导致模型计算复杂度高，很难在 CPU 下达到实时检测的效果。本节介绍了一种基于轻量化网络的目标检测方法，通过此方法能在精度下降较小的情况下，提升目标检测的速度，在 CPU 下达到实时检测的效果。

图 12-1　游戏画面样例

　　游戏目标检测实现的具体流程如图 12-2 所示。首先，从人玩游戏的视频中提取图像样本，采样的时间间隔为 1 秒，采样完毕后人工筛选图像样本，将其中相似度过高的冗余样本删除。收集完图像后，人工给图像中的目标打上标签，标明目标所在的矩形区域。图 12-3 展示了标注的示例，黑框标识了目标的位置。得到图像和标签数据集合后，设计轻量化网络。相比传统卷积和深度可分离卷积，该网络通过混洗层能充分利用不同组之间的信息。通过轻量化网络提取深度特征后，采用 SSD 检测架构，利用特征的多尺度信息实现目标检测。

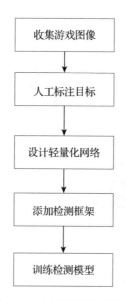

图 12-2　游戏目标检测流程

首先，可以从互联网游戏视频中收集图像，也可以选择人工录制游戏视频。收集图像时有两个注意事项。

图 12-3　目标标注的示例

1）图像之间相似度不能太高，游戏视频中一般 1 秒采样一次，但是有时 1 秒后的游戏图像仍然与之前的样本有较大的相似度，所以需要人工对样本图像进行筛选。图 12-4 展示了一组相似度过高的图像。冗余图像过多容易使检测模型过拟合。

图 12-4　太过相似的样本对

2）图像中不能存在太小的样本，如果目标面积小于图像总面积的 1/400，则删除这张图像。图 12-5 展示了包含小目标的样本。如果样本集合中包含过多的小目标样本，由于轻量化网络学习能力有限，则使模型难以收敛。

图 12-5　小目标样本示例

收集完图像数据集后，需要人工给每张图像中的目标打上标签，标明目标距图像左上角的 x 坐标、y 坐标、目标的宽和高。目标标签的示例如图 12-6 所示。

图 12-6　目标标签的示例

得到图像集合和对应的标签集合后，设计轻量化深度网络，用于提取图像特征。轻量化深度网络将通道分为多组，在进行卷积操作的时候，每一个卷积核只与特定组相关联。在卷积操作完成之后，再采用 Shuffle 层对不同组的特征进行混洗，这样就可以充分利用不同组之间的联系。这种方案相比传统卷积方案能减少模型的复杂度，加快检测的速度，精度变化不大。与深度可分离卷积相比，由于采用的混洗层加大了不同特征组间的联系，因此，轻量化深度网络能提升网络的检测效果，同时速度相当。图 12-7 展示了轻量化深度网络的组成单元，在组卷积模板中，每个卷积核只与特定特征组相关联，通过这种方法可加快特征提取的速度。

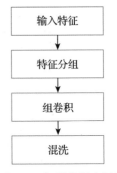

图 12-7　轻量化深度网络的组成单元

Shuffle 层处理流程如下：将一个卷积层分为 g 组，每组的输出通道为 n，总共有 $g \times n$ 个输出通道，首先将其转换为 (g, n) 的矩阵，随后将矩阵进行转置，最后将矩阵进行平坦化操作，再分成 g 组作为下一层的输入。图 12-8 展示了 Shuffle 层处理流程，不同颜色对应不同的组。

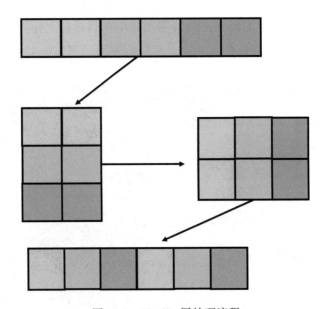

图 12-8　Shuffle 层处理流程

在提取到深度特征后，检测网络采用 SSD 算法对目标进行检测，其中，SSD 采用三个尺度的特征图对不同大小的目标进行检测，大尺度的特征图用于检测小目标，中等尺度的特征图用于检测中等大小的目标，小尺度的特征图用于检测大目标。图 12-9 展示了游戏中不同尺度的检测目标。

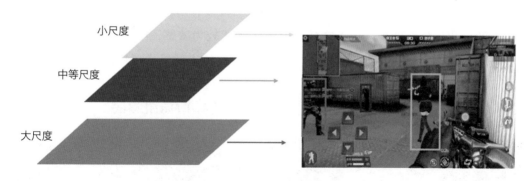

图 12-9　多尺度检测目标的示例

12.2　基于 UI 动作传递的兼容性测试

本节主要介绍基于 UI 动作传递的兼容性测试。其采用轻量化深度网络计算测试图像与训练图像之间的差异，从而复现人工录制的 UI 测试流程，并且能同时在多台手机上运行，以提升 UI 测试的效率。图 12-10 展示了游戏的 UI 画面。

图 12-10　游戏的 UI 画面

在 UI 的自动化测试中，快速在多台手机上实现 UI 测试流程是具有挑战的。由于 UI 画面常有动画效果的渲染，部分按钮是半透明的，测试的 UI 画面一般较复杂。

图 12-11 展示了不同时刻相同场景下的 UI 图像，可以看出画面的光照和人物的姿势有着较大的变化。传统的模板匹配方法对背景的干扰较为敏感，同时需要较多的模板匹配的先验知识，耗费较多的时间。本节介绍的动作传递就是为了快速地实现 UI 动作测试而设计的一种动作执行方法。此方法能根据少量人工录制的 UI 测试样本，学会 UI 场景和对应动作之间的抽象关系，从而实现 UI 的动作自动化测试。

图 12-11   不同时刻相同场景下的 UI 图像

UI 动作执行的具体流程如图 12-12 所示。

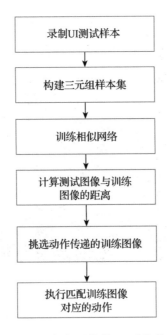

图 12-12   基于相似网络的 UI 动作执行流程

首先，收集 UI 测试样本，通过人工录制对应游戏的 UI 场景和动作，按 0.5 秒的间隔记录游戏的 UI 场景和动作的位置。

收集完训练样本集后，随机选择多张基准图像，针对每一张基准图像，将相同场景下的 UI 图像作为基准图像的正样本，不同场景下的 UI 图像作为基准图像的负样本，构建三元组。三元组示例如图 12-13 所示。

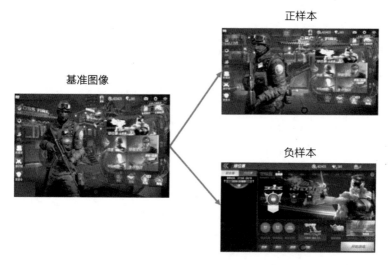

图 12-13　三元组示例

得到三元组集合后，构建轻量化深度网络，主要目的是加快特征提取的速度，使其在 CPU 下也能实时运行。轻量化深度网络结构如图 12-14 所示，该模型输入为 100×100 像素的图像，网络采用 7 个卷积层，使用块归一化层加速网络的收敛。

训练模型时，定义三元组损失，目的是使三元组的正样本对的特征距离相近，负样本对之间的特征距离远离。用如下式子表示：

$$\sum_{i}^{N}[\alpha - \| f(x_i^a) - f(x_i^p) \|_2^2]_+ + [\| f(x_i^a) - f(x_i^n) \|_2^2 - \beta]_+$$

其中，N 表示三元组的个数，α 和 β 是设置的超参数，f 表示提取深度特征的网络，x_i^a 表示第 i 个三元组的基准图像，x_i^p 表示第 i 个三元组的正样本图像，x_i^n 表示第 i 个三元组的负样本图像。

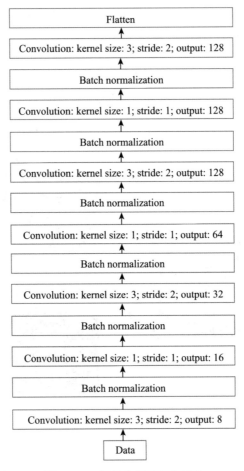

图 12-14　轻量化深度网络结构

　　训练完相似网络后，提取每张训练图像的特征。在测试初始阶段，给定一张测试图像，将其缩放至 100×100 像素，通过相似网络提取测试图像的抽象特征，计算测试图像特征与训练图像特征之间的距离。如果距离小于阈值，则将对应的训练图像加入待定的集合，从待定集合中挑选 UI 测试流程中时间靠前的图像作为匹配的训练图像 D，并执行对应的点击动作。确定动作执行的训练图像 D，可以减少训练图像的搜索范围。测试图像只与训练图像 D 之后的训练样本进行匹配，同样是从待定集合中挑选时间靠前的训练样本，然后执行对应的点击动作。如果训练图像 D 之后的训练图像特征与测试图像特征之间的距离都大于阈值，则可能是出现了不同步问题，需要将测试图像与所有训练样本进行匹配，重新找最匹配的训练图像。

12.3　基于 UI 自动探索的兼容性测试

本节介绍基于 UI 自动探索的兼容性测试方案。其采用 YOLO 自动检测 UI 场景中需要点击的按钮，并用相似网络判断按钮是否被点击过，联合按钮位置和按钮点击次数计算每个按钮的分数，点击分数最高的按钮，从而实现 UI 自动探索。图 12-15 展示了游戏的 UI 画面。

图 12-15　游戏的 UI 画面

在 UI 自动化测试中，UI 自动探索是一个具有挑战的任务。由于 UI 页面常有动画渲染，同时，按钮的外观有着较大的变化，有些按钮是半透明的，因此引入了大量背景干扰。图 12-16 用红框标出了 UI 场景下需要点击的按钮，可见按钮之间有着较大的外观差异。传统的基于测试用例配置图像模板的方法会针对每个 UI 场景，挑选图像特定区域作为模板，但对背景变化较为敏感，在多分辨率手机中，容易出现误检的情况，且耗费大量的时间和精力。本节介绍一种基于纯图像的 UI 自动探索方法，通过此方法，能根据少量人工标注的按钮样本学会 UI 场景中的按钮位置的检测，并学会对比按钮之间的相似性，从而实现 UI 自动探索。

图 12-16　UI 场景中需要点击的按钮示例

UI 自动探索的具体流程如图 12-17 所示。

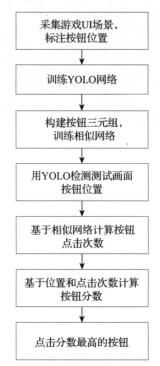

首先，我们收集 UI 不同场景的样本，通过人工标注的方式表明图像中 UI 按钮的位置。随机训练 YOLO 网络，其中特征提取部分采用在大数据集 ImageNet 上预先训练好的 Darknet53 网络。输出 UI 场景的按钮位置。

随后，提取 UI 场景的按钮，针对基准按钮，随机放大或裁剪按钮区域，生成对应的正样本图像；随机挑选含有其他按钮的图像作为负样本，通过这样的方式构建三元组，三元组示例如图 12-18 所示。

收集完三元组集合后，训练轻量化相似网络。为了加快特征提取的速度，我们将按钮统一缩放至 50×50 像素。轻量化相似网络采用 4 个

图 12-17　基于纯图像的 UI 自动探索流程

卷积层，使用块归一化层加快网络的收敛。轻量化相似网络结构如图 12-19 所示。

图 12-18 三元组示例

训练模型时，采用常规的三元损失，目的是使三元组正样本对之间的特征距离近，负样本对之间的特征距离远。用如下式子表示：

$$\sum_{i}^{N}[\alpha-\parallel f(x_i^a)-f(x_i^p)\parallel_2^2]_+ +[\parallel f(x_i^a)-f(x_i^n)\parallel_2^2-\beta]_+$$

其中，N 表示三元组的个数，α 和 β 是设置的超参数，f 表示提取深度特征的网络，x_i^a 表示第 i 个三元组的基准图像，x_i^p 表示第 i 个三元组的正样本图像，x_i^n 表示第 i 个三元组的负样本图像。

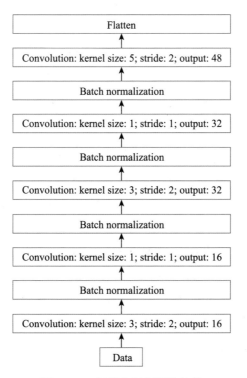

图 12-19 轻量化相似网络结构

得到相似网络之后，提取当前 UI 场景中每个按钮的深度特征，将其与点击过的按钮特征进行对比，计算欧式距离。如果距离小于阈值，则是点击过的按钮，否则是新增的按钮。根据按钮位置计算按钮的初始分数，UI 场景图像下方的按钮初始分数较高，具体的计算公式如下：

$$w_1 = 0.5 + h / H$$

其中，w_1 是初始分数，h 是按钮中心的高度，H 是 UI 场景图像的高度。

得到初始分数后，根据每个按钮的点击次数，对分数进行后处理，目的是降低点击过的按钮的分数。同时，考虑到 UI 场景图像上方的按钮大多是返回类的功能按钮，点击次数较多，所以需要降低点击次数对 UI 场景图像上方按钮分数的影响。最终按钮分数计算公式如下：

$$w_2 = w_1 + (n+1)^{h/H}$$

其中，w_2 是按钮的最终分数，n 是按钮点击的次数。

得到 UI 场景中按钮的最终得分后，点击分数最高的按钮。进入新场景后循环之前的操作。

12.4 本章小结

本章介绍了手机游戏兼容性测试的相关知识，提出了在 CPU 下实时运行的目标检测算法、基于 UI 动作传递的兼容性测试方法和基于 UI 自动探索的兼容性测试方法。其中，目标检测算法是兼容性测试的基础，可以检测多分辨率手机中的 UI 按钮，对尺度、光照、动画效果的变化较为稳定。UI 动作传递方法重在快速还原人工测试 UI 的流程，无须配置模板，即可提升 UI 测试效率。而 UI 自动探索方法能自动探索 UI 场景，无须人工录制测试流程。两种方法各有优劣，动作传递方法更适合传统的 UI 样例测试，需要针对每个测试样例录制样本，而 UI 自动探索方法则省去录制样本的步骤，按照策略自动探索场景。读者可以按照自己需求挑选对应的兼容性测试方法。

第 13 章

自动化 Bug 检测

本章介绍了几种游戏中常见的 Bug 类型及其自动化检测方法，具体为通过分析每种 Bug 的特点，利用图像处理和深度学习相关知识，针对不同 Bug 设计不同的 Bug 检测方法。读者可以从中学习到游戏中常见的 Bug 类型、特点以及 Bug 检测的思路和方法。

13.1　贴图丢失

游戏引擎渲染出错或者游戏素材丢失会导致游戏中经常出现贴图丢失，如图 13-1 所示。

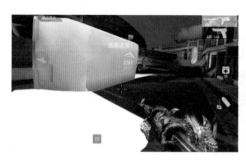

图 13-1　贴图丢失

从视觉上看，贴图丢失的特点在于游戏图像中存在大面积同色块。根据此特点，本小节设计两个贴图丢失的检测方法——基于颜色特征的贴图丢失检测方法和基于图像分类的贴图丢失检测方法。

（1）基于颜色特征的贴图丢失检测方法

基于颜色特征的贴图丢失检测方法是将贴图丢失位置的色块作为检测对象，从整张游戏图像中搜索大面积的同色块，以准确地定位贴图丢失的位置。该方法的示意图如图 13-2 所示。

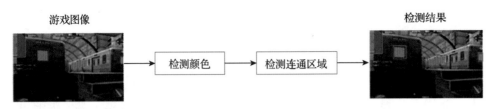

图 13-2　基于颜色特征的贴图丢失检测方法

该方法首先从游戏图像中检测贴图丢失后的显示颜色，例如紫色、黑色、蓝色、白色等，然后计算不同颜色的连通区域，最后判断各个连通区域的大小。如果连通区域的面积大于阈值，说明连通区域为相同颜色的图像块，那么该游戏图像中存在贴图丢失，否则不存在贴图丢失。

（2）基于图像分类的贴图丢失检测方法

基于图像分类的贴图丢失检测方法是将整张游戏图像作为检测对象，利用深度学习模型提取图像中的抽象特征，将图像分为两个类别——正常图像和异常图像。该方法的示意图如图 13-3 所示。

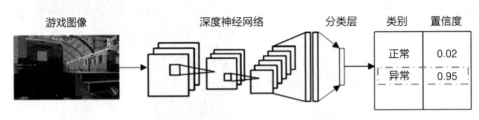

图 13-3　基于图像分类的贴图丢失检测方法

该方法使用一个深度神经网络提取图像特征，之后对特征进行类别分类（正常图像或者异常图像），并且输出类别的置信度。深度神经网络可以使用 VGG、

Inception-V3、ResNet 等网络结构。

13.2　角色穿墙

角色穿墙是指玩家控制的人物穿越墙壁或者障碍物。通常有两个原因导致角色穿墙，一个原因是墙壁和障碍物的属性设置错误，另一个原因是本地客户端与服务器客户端的地图数据不一致。

通常情况下角色穿墙的时间都非常短暂，单纯从玩家视角去判别角色是否穿墙会非常困难。由于游戏中的小地图能提供玩家位置以及地图信息，如图 13-4 所示，因此本节将利用小地图进行角色穿墙的检测。

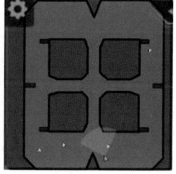

图 13-4　小地图

本节设计了一种基于小地图的角色穿墙检测方法，通过生成小地图中角色的行进路径，识别角色是否到达或者穿越了不可行区域，从而判断当前场景中是否存在角色穿墙。

基于小地图的角色穿墙检测流程如图 13-5 所示。在准备阶段，先采集游戏中所有场景的小地图，之后标记小地图中的可行区域和不可行区域，保存为小地图库。在检测阶段，首先将游戏视频进行分段，其次识别对局视频中的小地图，然后生成角色的行进路径，最后将行进路径与小地图进行对比，判断角色是否穿墙，输出检测结果。

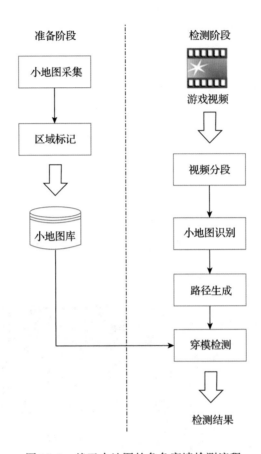

图 13-5　基于小地图的角色穿墙检测流程

（1）小地图采集

小地图采集是收集游戏中所有场景的小地图，并且去除角色和队友信息，生成纯净的小地图。具体步骤如下。

Step1：收集游戏图像。收集游戏中所有场景的游戏图像，并且在同一场景中，采集多张游戏图像，每张图像中角色的位置不同。

Step2：截取小地图。根据小地图在游戏图像中的位置，将小地图从游戏图像中截取出来。

Step3：生成纯净小地图。去掉小地图中角色和队友的位置，将属于同一场景的多张小地图合成，生成一张纯净的小地图，如图 13-6 所示。

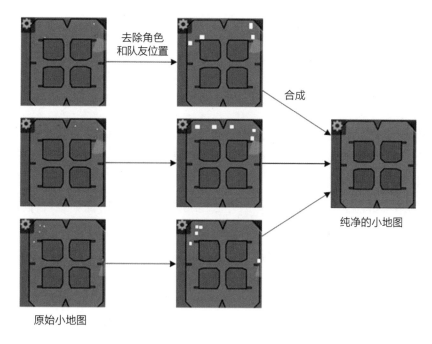

图 13-6　生成纯净小地图的过程

（2）区域标记

区域标记是根据小地图标记可行区域和不可行区域，将可行区域设置为白色，不可行区域设置为黑色，如图 13-7 所示。标记区域时可以使用画图或者 Photoshop 等图像处理软件。

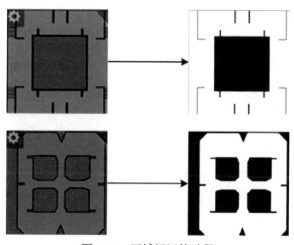

图 13-7　区域标记的过程

（3）视频分段

因为输入的游戏视频可能包含多次对局的情况，而每次对局的场景可能不一样，因此要先将输入的游戏视频进行分段（一次对局为一段），形成多个对局视频之后再进行后续识别和检测。具体步骤包括如下内容。

①识别对局开始标志。利用模板匹配的方法检测游戏视频的图像中是否存在对局开始的标志。如果检测到对局开始标志，则清空图像队列，进行第二步操作；否则检测游戏视频的下一帧图像。

②识别结束标志。利用模板匹配的方法检测游戏视频的图像中是否存在对局结束的标志。如果没有检测到结束标志，则将图像保存在图像队列中，检测游戏视频的下一帧图像；否则将图像队列中的图像保存为一段对局视频，返回第一步，直到检测完游戏视频。

（4）小地图识别

小地图识别的具体步骤如下。

Step1：读取图像。从对局视频中随机抽取一帧图像，并且截取小地图范围的图像。

Step2：模板匹配。将截取的图像与小地图库中的纯净小地图进行模板匹配，记录每次匹配的相似度。

Step3：结果筛选。如果匹配的最大相似度小于阈值，则返回第一步；如果匹配的最大相似度大于阈值，则从中选取最匹配的纯净小地图作为对局视频中的小地图。

（5）路径生成

路径生成的具体步骤如下。

Step1：识别角色位置。对对局视频中的每一帧图像，利用像素检测的方法找到小地图中角色的位置，形成一系列坐标点。像素检测的范围根据不同的游戏设定。

Step2：连接角色位置。计算前后两个坐标点之间的距离，如果距离小于阈值，则连接这两个坐标点，否则不连接。根据前后坐标距离顺利连接完所有坐标点后，形成一张与小地图大小相同的路径图，路径图中白色为底，红色为角色的行进路径。

（6）穿模检测

穿模检测的具体步骤如下。

Step1：图像重叠。将纯净小地图与生成的路径图进行重叠，如图 13-8 所示。

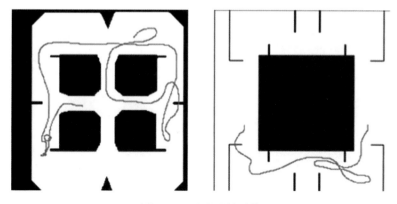

图 13-8　重叠后的图像

Step2：相交判断。判断纯净小地图中的黑色像素与路径图中的红色像素是否存在相交。如果相交，则表明对局视频中存在角色穿墙，输出第一步中重叠后的图像和穿墙时刻前后的游戏图像；如果不相交，则表明对局视频中不存在角色穿墙。

13.3　碰撞穿模

碰撞穿模是指两个游戏角色相互穿透或者重叠，通常是由于角色的碰撞体积设定错误。在 3D 游戏中，碰撞穿模会导致玩家的游戏体验下降。

为了能方便地检测游戏图像中是否存在碰撞穿模，本节设计了一种基于样本生成的碰撞穿模检测方法。首先利用正常样本生成穿模样本，然后进行两阶段的模型训练，最后使用模型检测游戏图像中是否存在碰撞穿模。

基于样本生成的碰撞穿模检测方法的流程如图 13-9 所示。在生成样本时，首先收集正常样本，然后标注样本图像中的角色，最后将不同的角色进行融合，形成穿模样本。在训练模型时，首先利用穿模样本训练检测模型，然后进行难样本挖掘，最后使用穿模样本和难样本一起微调检测模型。在穿模检测时，首先输入游戏图像来检测模型，然后根据阈值过滤检测结果，最后输出穿模检测的结果。

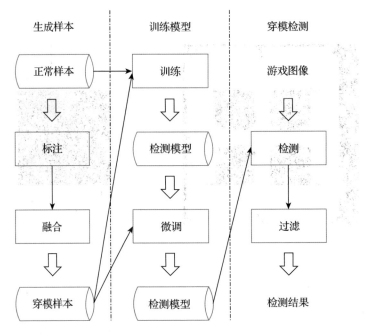

图 13-9　基于样本生成的碰撞穿模检测流程

（1）生成样本

由于在游戏中采集穿模样本比较费时费力，因此本节通过融合正常样本中的角色生成穿模样本。具体步骤如下。

Step1：样本采集。收集 2000 至 3000 张游戏图像，游戏图像中不存在碰撞穿模。将 10% 的游戏图像作为标注集，其余的游戏图像作为验证集。

Step2：样本标注。利用图像标注软件 labelme[⊖]对每张游戏图像标注角色的轮廓，标注轮廓的角色应没有被其他角色遮挡，如图 13-10 所示。

Step3：样本融合。首先，随机从标注集中选取游戏图像 A 和游戏图像 B。其次，从游戏图像 A 中随机选取一个标注的角色 a，从游戏图像 B 中随机选取一个标注的角色 b。然后，将角色 b 从游戏图像 B 中抠出，并且将角色 b 按等比例缩放，使角色 b 的高度为角色 a 的高度。之后，将角色 b 随机放置在角色 a 附近，并且计算角色 a 与角色 b 的相交面积，如果相交面积在一定范围内，则进行后续步骤，否则不进行样本融合。最后，利用 K-means 算法将相交面积内的区域分为两部分：一部分区域的图像

⊖　https://github.com/wkentaro/labelme。

由角色 a 生成，另一部分区域的图像由角色 b 生成，并且记录角色 a 和角色 b 融合后的位置，作为模型训练的目标位置。样本融合过程如图 13-11 所示。当生成 15000 张穿模样本时，停止样本融合。

图 13-10　图像标注

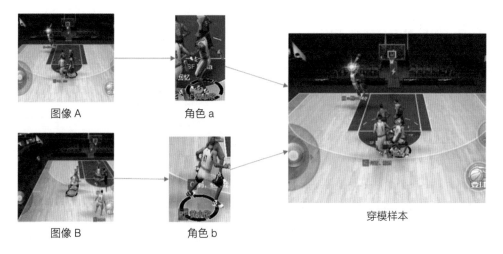

图 13-11　样本融合

（2）训练模型

训练模型的具体步骤如下。

Step1：训练初始模型。利用正常样本生成的穿模样本训练检测模型，检测模型可以使用 YOLOv3 或者 Faster R-CNN，训练的学习速率设定为 10^{-3}，训练完成后获得一个初始的穿模检测模型。

Step2：挑选难样本。利用初始的穿模检测模型在验证集上进行穿模检测，因为验证集中没有穿模图像，因此模型输出的结果全部是误报。将检测模型输出分数大于 0.5 的图像作为难样本。

Step3：微调初始模型。将穿模样本和难样本混合在一起，微调初始的穿模检测模型，在微调过程中将学习速率调整为训练初始模型时的 1/10。经过微调后，获得最终的穿模检测模型。难样本加入训练样本后，最终的穿模检测模型相比于初始的穿模检测模型误报率会降低。

（3）检测穿模

检测穿模的具体步骤如下。

Step1：前向推断。将游戏图像输入穿模检测模型中，模型输出多个碰撞穿模的位置以及相应的分数。

Step2：阈值过滤。如果检测模型输出的碰撞穿模位置对应的分数小于阈值，则排除该位置；如果对应分数大于阈值，则该位置可能存在碰撞穿模。

Step3：输出结果。将步骤二中检测分数大于阈值的位置用红色框标出，并且保存为检测图像，以便人工审核。

13.4　本章小结

本章针对三种不同的游戏 Bug 类型提出了不同的检测方法。首先针对贴图丢失设计了基于颜色特征的贴图丢失检测方法和基于图像分类的贴图丢失检测方法，然后针对角色穿墙设计了基于小地图的角色穿墙检测方法，最后针对碰撞穿模设计了基于样本生成的碰撞穿模检测方法。

第 14 章

自动机器学习

本章介绍了自动机器学习的基本概念和常用策略，并以 NNI 为例介绍自动机器学习平台的安装和使用。读者可以从中学习到自动机器学习的一些基础知识和搭建自动机器学习平台的方法。

14.1　自动机器学习概述

对于熟悉深度学习的用户而言，使用深度学习算法的一个主要障碍是模型性能受许多设计和决策的影响。用户需要选择神经网络架构、训练超参数、优化方法等，所有这些选择都对模型性能有很大影响。对于不熟悉深度学习的用户来说，面对这么多可以选择和调整的参数无疑是一个噩梦。

为了降低用户使用深度学习的门槛，自动机器学习（AutoMachine Learning，AutoML）应运而生。自动机器学习的目标是使用自动化的数据驱动方式进行深度学习模型的训练。用户只需要提供数据，自动机器学习系统就能自动地学习到合适的神经网络架构、训练超参数以及优化方法，无须人工干预。这样，用户不用再苦恼于学习深度学习算法中的各个知识要点和训练技巧。

目前，自动机器学习可以用于深度学习模型的架构搜索、超参数的重要性分析训练等。自动机器学习并非简单地进行暴力搜索，而是运用机器学习方面的知识设计一系列高级的控制系统去操作机器学习模型。各大科技公司都在推出自己的自动机器学习平台，例如，谷歌的 Cloud AutoML、亚马逊的 SageMaker、微软的 Azure、阿里巴巴的 PAI AutoML、百度的 EasyDL 等。

14.2　参数搜索策略

在自动机器学习中，常见参数搜索策略包括网格搜索、随机搜索、贝叶斯优化、进化策略、强化学习等。

（1）网格搜索

通常在训练超参数数量较少时，可以使用网格搜索，即列出每个超参数的候选集合，在这些集合中逐项进行组合优化。在条件允许的情况下，重复进行网格搜索会取得比较好的结果，当然每次网格搜索需要根据前一次网格搜索得到的最优参数组合，进一步进行细粒度调整。网格搜索存在两个问题：第一个问题是不适用于参数是连续值的情况，第二个问题是搜索时间会随着超参数的数量增加呈指数级增长。

（2）随机搜索

随机搜索是一种网格搜索的替代方式。不同于网格搜索，随机搜索不需要设定一个离散的超参数集合，而是对每个超参数使用一个分布函数来生成随机超参数。由于随机因素的存在，随机搜索效果可能特别差，也可能特别好，但是在尝试次数一样的情况下，随机搜索效率会比网格搜索效率更高，取得的结果更好。

（3）贝叶斯优化

贝叶斯优化则是利用之前所有的搜索结果进行搜索优化。贝叶斯优化要求已经存在几个样本点（采用随机探索获取），通过高斯过程回归（假设超参数间符合联合高斯分布）计算前面 n 个样本点的后验概率分布，得到每一个超参数在每一个取值点的均值和方差。其中，均值表示取值点的期望效果，均值越大表示模型最终性能越好；方差表示取值点的效果不确定性，方差越大表示取值点越不确定能取得最大值。

（4）进化策略

简单的进化策略就是对每个参数单纯地从正态分布（平均值为 μ，标准差为 σ）中直接抽样。首先初始化一个平均值 μ，在平均值 μ 周围进行多次采样，之后评估这些采样点的拟合度，作为采样点的权重，然后将这些采样点带权重的平均值设为本代竞争方案中的最优解，最后在这个新平均值周围进行下一代参数寻优的抽样。简单的进化策略没有改变标准差，因此无法适应性地增加或减小下一代参数寻优的搜索范围。为解决此问题，可以使用协方差矩阵适应性进化策略，其在得到每一代结果时，会自适应地调整平均值 μ 和标准差 σ，并且会计算整个参数空间的协方差矩阵，提高参数寻优的效率。

（5）强化学习

在深度学习模型架构搜索中，我们可以使用强化学习方法。在卷积神经网络中，通常有卷积层数和卷积核大小等参数的设置。我们可以将这些参数看成是智能体在选择动作，每个动作对应一个参数值，设计整个卷积神经网络的过程可以看作是选择一系列的动作，动作的奖励就是验证集上的准确率。智能体根据奖励不断地对动作进行更新，可以学习到越来越好的卷积网络结构，从而完成深度学习模型架构搜索的任务。

14.3　NNI 安装和使用

本节介绍一个开源自动机器学习框架——NNI（Neural Network Intelligence）。NNI 是由微软开发的自动机器学习工具包，通过多种调优算法来搜索深度学习模型架构和超参数，并且支持单机、多机和云等不同运行环境。

图 14-1 是 NNI 的整体示意图，展示了 NNI 面向用户使用的几个主要部分。

（1）全面的框架支持

NNI 支持多种 Python 语言的深度学习框架（TensorFlow、Pytorch、MXNet 等），用户可以选择自己熟悉的框架进行自动机器学习。

（2）丰富的调优算法

NNI 集成多种调参器和评估器，用户可以使用默认配置，也可以自由选择。

（3）多样的训练模式

NNI 支持本地、远程、分布式等多种方式进行模型的训练和自动调优，用户可以根据自己的计算资源部署训练环境。

（4）友好的交互界面

NNI 提供命令行工具和图形化的控制界面，用户能够非常直观地看到自动机器学习的运行进展和情况。

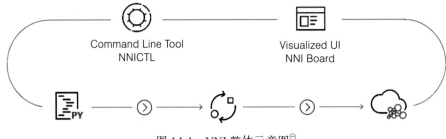

图 14-1　NNI 整体示意图[⊖]

在 Ubuntu 16.04 或更高的版本上，并且 Python 版本大于 3.5 的环境中，有两种方式可以用来安装 NNI。

1）通过 pip 命令安装。

```
python3 -m pip install --upgrade nni
```

2）通过源代码安装。

```
git clone -b v1.0 https://github.com/Microsoft/nni.git
cd nni
source install.sh
```

安装完成之后，运行 MNIST 示例可以验证安装是否成功。

```
nnictl create --config nni/examples/trials/mnist/config.yml
```

如果在命令行中输出 INFO: Successfully started experiment，则表明已经成功启动。

```
INFO: Starting restful server...
INFO: Successfully started Restful server!
INFO: Setting local config...
INFO: Successfully set local config!
INFO: Starting experiment...
INFO: Successfully started experiment!
-------------------------------------------------------------------
```

⊖　https://github.com/microsoft/nni.

```
The experiment id is xxxxxxxx
The Web UI urls are: http://223.255.255.1:8080   http://127.0.0.1:8080
---------------------------------------------------------------------

You can use these commands to get more information about the experiment
---------------------------------------------------------------------
        commands                    description

1. nnictl experiment show       show the information of experiments
2. nnictl trial ls              list all of trial jobs
3. nnictl top                   monitor the status of running experiments
4. nnictl log stderr            show stderr log content
5. nnictl log stdout            show stdout log content
6. nnictl stop                  stop an experiment
7. nnictl trial kill            kill a trial job by id
8. nnictl --help                get help information about nnictl
---------------------------------------------------------------------
```

在浏览器中输入提示的 IP 地址和端口号（例如，127.0.0.1:8080），就可以看到图形化的交互界面。在自动机器学习执行一段时间后，我们可以看到图 14-2 所示的界面。

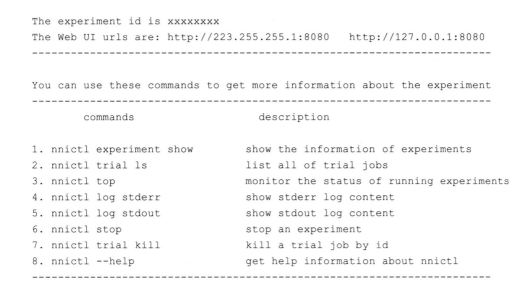

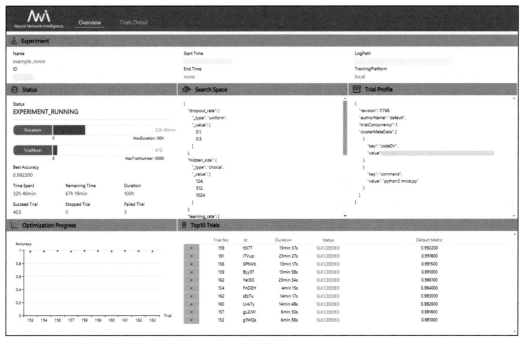

a）主界面

图 14-2　NNI 的 Web UI 交互界面

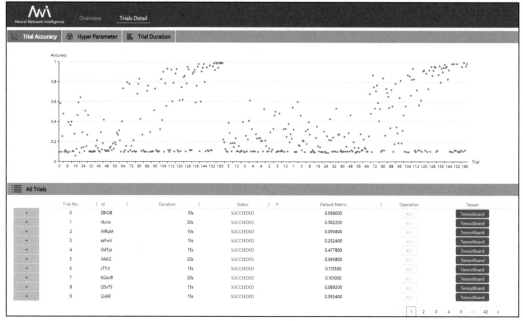

b）不同尝试的准确率

图 14-2 （续）

以 MINST 数据集为例，用户只需要完成三个步骤——定义搜索空间、准备训练代码和定义搜索配置，便可以开始自己的神经网络结构搜索。搜索空间在 search_space.json 文件中定义，训练代码在 mnist.py 文件中定义，搜索配置在 config.yml 文件中定义，这三个文件都可以在 ~/nni/example/trials/mnist 路径下找到。

（1）定义搜索空间

用户使用 search_space.json 文件定义超参数的搜索空间。搜索空间包括搜索的变量名、搜索的类型和搜索的范围。search_space.json 文件的示例如下。

```
{
    "dropout_rate":{"_type":"uniform","_value":[0.5, 0.9]},
    "conv_size":{"_type":"choice","_value":[2,3,5,7]},
    "hidden_size":{"_type":"choice","_value":[124, 512, 1024]},
    "batch_size": {"_type":"choice", "_value": [1, 4, 8, 16, 32]},
    "learning_rate":{"_type":"choice","_value":[0.0001, 0.001, 0.01, 0.1]}
}
```

在此定义中，dropout 的比例（dropout_rate）从均值 0.5、方差 0.9 的正态分布上选择，卷积层的尺寸（conv_size）从（2，3，5，7）这四个值中选择，隐藏层的尺寸（hidden_size）从（124，512，1024）这三个值中选择，批样本数量（batch_size）从（1，4，8，16，32）这五个值中选择，学习速率（learning_rate）从（0.0001，0.001，0.01，0.1）这四个值中选择。

（2）准备训练代码

用户在 mnist.py 文件的训练代码中引入 NNI 包，通过代码加入 NNI 的参数传递和结果回传，即可将 NNI 与训练代码结合起来。

引入 NNI 包的代码如下。

```
import nni
```

参数传递的代码如下。

```
def get_params():
    ''' Get parameters from command line '''
    parser = argparse.ArgumentParser()
    parser.add_argument("--data_dir", type=str, default='/tmp/tensorflow/
        mnist/input_data', help="data directory")
    parser.add_argument("--dropout_rate", type=float, default=0.5, help="dropout
        rate")
    parser.add_argument("--conv_size", type=int, default=5)
    parser.add_argument("--hidden_size", type=int, default=1024)
    parser.add_argument("--learning_rate", type=float, default=1e-4)
    parser.add_argument("--batch_size", type=int, default=32)

    args, _ = parser.parse_known_args()
    return args

if __name__ == '__main__':
    try:
        # get parameters form tuner
        tuner_params = nni.get_next_parameter()
        logger.debug(tuner_params)
        params = vars(get_params())
        params.update(tuner_params)
        main(params)
    except Exception as exception:
```

```
        logger.exception(exception)
        raise
```

结果回传的代码如下。

```
test_acc = mnist_network.accuracy.eval(
    feed_dict={mnist_network.images: mnist.test.images,
        mnist_network.labels: mnist.test.labels,
        mnist_network.keep_prob: 1.0})
nni.report_intermediate_result(test_acc)
......
nni.report_final_result(test_acc)
```

（3）定义搜索配置

用户可以通过修改 config.yml 文件定义搜索配置。config.yml 文件中包含参数搜索的信息、训练平台的选择、搜索空间的路径、注释的使用方式、协调器的选择和训练任务的配置等。

config.yml 文件的示例如下。

```
authorName: default
experimentName: example_mnist
trialConcurrency: 1
maxExecDuration: 1h
maxTrialNum: 10
#choice: local, remote, pai
trainingServicePlatform: local
searchSpacePath: search_space.json
#choice: true, false
useAnnotation: false
tuner:
    #choice: TPE, Random, Anneal, Evolution, BatchTuner, MetisTuner, GPTuner
    #SMAC (SMAC should be installed through nnictl)
    builtinTunerName: TPE
    classArgs:
        #choice: maximize, minimize
        optimize_mode: maximize
trial:
    command: python3 mnist.py
    codeDir: .
    gpuNum: 0
```

上述搜索配置示例完成了本地训练任务、注释使用方式、搜索空间路径、TPE 协调器配置。

上述文件的配置完成后，使用如下命令即可开始自动机器学习。

```
nnictl create --config nni/examples/trials/mnist/config.yml
```

等待 NNI 运行一段时间，就可以在 Web UI 交互界面中查看超参数的分布图，可直观地查看哪些值会对准确率有较大影响，以及超参数之间的关联，如图 14-3 所示。

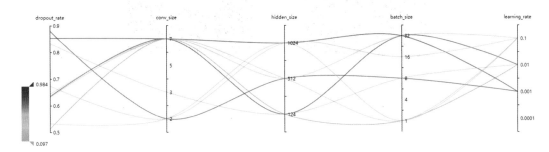

图 14-3　超参数分布

在图 14-3 中，红线表示准确率较高的超参数组合，绿线表示准确率较低的超参数组合。可以看出，当选择尺寸大的卷积核、较小的学习率和较大的批样本数量时，深度学习模型的准确率会比较高。

14.4　本章小结

本章首先介绍了自动机器学习的基本概念，然后讲解了参数搜索的几种常用策略，最后介绍了自动机器学习框架 NNI 的安装和使用，并以 MNIST 数据集为例讲解 NNI 的使用步骤以及训练效果。

推荐阅读

《中台战略》

超级畅销书，全面讲解企业如何建设各类中台，并利用中台以数字营销为突破口，最终实现数字化转型和商业创新。

云徙科技是国内双中台技术和数字商业云领域领先的服务提供商，在中台领域有雄厚的技术实力，也积累了丰富的行业经验，已经成功通过中台系统和数字商业云服务帮助良品铺子、珠江啤酒、富力地产、美的置业、长安福特、长安汽车等近40家国内外行业龙头企业实现了数字化转型。

《数据中台》

超级畅销书，数据中台领域的唯一著作和标准性著作。

系统讲解数据中台建设、管理与运营，旨在帮助企业将数据转化为生产力，顺利实现数字化转型。

本书由国内数据中台领域的领先企业数澜科技官方出品，几位联合创始人亲自执笔，7位作者都是资深的数据人，大部分作者来自原阿里巴巴数据中台团队。他们结合过去帮助百余家各行业头部企业建设数据中台的经验，系统总结了一套可落地的数据中台建设方法论。本书得到了包括阿里巴巴集团联合创始人在内的多位行业专家的高度评价和推荐。